环境监测与生态保护研究

崔淑静　王江梅　徐靖岚 ◎著

 U0340935

吉林科学技术出版社

图书在版编目（CIP）数据

环境监测与生态保护研究 / 崔淑静，王江梅，徐靖岚著. -- 长春 ： 吉林科学技术出版社，2022.9

ISBN 978-7-5578-9696-6

Ⅰ．①环… Ⅱ．①崔… ②王… ③徐… Ⅲ．①环境监测—研究②生态环境保护—研究 Ⅳ．①X8②X171.4

中国版本图书馆CIP数据核字（2022）第 178079 号

环境监测与生态保护研究

著　崔淑静　王江梅　徐靖岚
出 版 人　宛　霞
责任编辑　王凌宇
封面设计　金熙腾达
制　版　金熙腾达
幅面尺寸　185 mm×260mm
开　本　16
字　数　257 千字
印　张　11.5
版　次　2022 年 9 月第 1 版
印　次　2023 年 3 月第 1 次印刷
出　版　吉林科学技术出版社
发　行　吉林科学技术出版社
地　址　长春市净月区福祉大路 5788 号
邮　编　130118
发行部电话/传真　0431-81629529　81629530　81629531
　　　　　　　　　81629532　81629533　81629534
储运部电话　0431-86059116
编辑部电话　0431-81629518
印　刷　三河市嵩川印刷有限公司
书　号　ISBN 978-7-5578-9696-6
定　价　70.00 元

前　言

随着中国经济的不断发展，人们对各类生态系统开发利用的规模和强度越来越大，对自然生态系统造成了深远影响，甚至造成了不可逆转的破坏，阻碍了生态系统及社会经济的可持续发展。近年来，国家在生态保护方面的努力和投入逐年加大，取得了积极成效，但生态环境整体恶化的趋势仍没有得到根本遏制，区域性、局部性生态环境问题依旧突出，生态服务功能退化，生态系统自我调控、自我恢复能力减弱，部分生态环境破坏严重的地区已经直接或间接地危害到人民群众的身心健康，并制约了经济和社会的发展。与此同时，由于生态系统本身的复杂性、综合性、区域性特点，国内整体生态环境状况和变化趋势仍不够清晰，基础性工作不到位，导致了生态环境保护建设、管理和决策略显盲目，缺乏针对性。因此，必须从生态系统管理的角度开展生态环境监测工作，研究生态环境的自然变化以及受到人为干扰后的变化规律，分析产生问题的自然事件或人为活动及过程，才能为区域生态环境保护和管理决策提供有力的技术支撑，有针对性地进行生态环境保护，不断提高生态文明水平。作为一种生态保护的手段，环境监测引起人们的广泛关注。环境监测是预测、分析环境污染状况的有效方法，可以指导生态环境部门正确决策。所以，环境监测在生态保护中发挥着无可替代的作用。

环境监测是监视、准确测定自然环境质量的重要手段，主要涉及特定、监视性、研究性等方面的监测工作。在环境监测的指引下，人们可以及时了解环境质量及其污染程度，从而得出准确的环境变化数据，以便预测出未来环境污染的大致趋势和后果，并提出有效的环境保护措施。由此可见，在保护生态环境的过程中，环境监测起到了至关重要的作用。但伴随着环境保护的持续增强和环境监测专业技术的快速更新，我国需要积极采取发展措施，以进一步做好环境监测，更好地保护大自然，改善环境质量，促进全社会的可持续发展。本书就是围绕环境监测与生态保护展开的分析。

本书内容共有六章，分别从理论与实践的角度对环境监测与生态保护进行了分析。本书前三章为对环境监测的分析，首先从理论层面进行整体把握，包括环境监测的目的、分类、特点、技术、网络与标准体系等，然后围绕不同领域的环境污染与检测技术进行有针对性的分析，最后则针对环境监测中的自动监测、遥测遥感、质量保证等问题进行展开。通过这部分的论述，我们大致上可以对环境监测的内容与方法有一个简单而全面的认识。本书后三章是对环境监测过程中生态保护的三个重要方面进行分析。这部分按照逻辑的先后顺序，首先提出了优先保护的内容，然后提出了作为底线的红线原则，最后又提出了补偿原则。通过这三方面的论述，将环境监测中生态保护的先后顺序梳理得清晰明白。

综观本书，理论与实践并重，结构逻辑条分缕析，清晰明白，内容安排合理全面，对于环境污染治理与生态保护的从业者具有很好的参考作用。同时对于书中由于种种原因存在的一些问题，也希望各位读者能够予以谅解，并提出宝贵意见。

总之，环境监测是推进生态保护的有效手段。目前，我国社会发展日新月异，人们要加强生态文明建设，保护生态环境，以实现可持续发展。所以，我们要重视环境监测，大力开展环境监测，以真正发挥环境监测在生态环境保护中的巨大作用。未来，国家要加大资金支持，完善环境监测标准，引导环境监测人员提高自身的专业水平，以推动环境监测事业的进一步发展，最终构建绿色的生态环境。

作者

2022 年 7 月

目 录

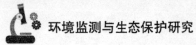

第一章　环境监测概述

20世纪是工业文明大获全胜的世纪。在这个世纪中，人类发明了汽车、飞机、宇宙飞船、电子计算机，发明了农药、染料、塑料、合成纤维，人类的足迹踏上月球、跨越海底，几乎实现了科幻作家们以往所描述的所有幻想。科技的发展使人类从来没有像今天这样无所不能，也从来没有像今天这样无所不在，以至于当今人类对自然界任何新的征服已经不再是什么智慧和勇气的证明，而越来越成为一种对弱者的蛮霸和欺凌。

然而，从另一个视角来看，20世纪也是工业文明大暴败迹的世纪。人类对物欲的追求正在以惊人的速度消耗着地球上的一切资源。当人类因为自身的需求不惜大规模地污染河流、砍伐森林，制造臭氧空洞的时候，当漫无节制的消费和物欲在几代人的时间内就足以将地球环境毁坏殆尽并将最终威胁到人类自身生存的时候，人们终于意识到：善待自然环境就是善待人类自己，对自然的尊重与保护、与自然的和谐发展、与地球生物圈的共存共荣才是人类唯一可行的可持续发展道路。

第一节　环境监测的目的与分类

一、环境分析与环境监测

人们为了认识、评价、改造和控制环境，必须了解引起环境质量变化的原因。这就要对环境（包括原生环境和次生环境）的各组成部分，特别是对某些危害大的污染物的性质、来源、含量及其分布状态进行细致的调查和分析。为了实现这一目的，应用分析化学的方法和技术去研究环境中污染物的种类和成分，并对它们进行定性和定量分析，从而逐步形成了一门新的分支学科——环境分析化学，或简称环境分析，但是，环境分析多局限于化学分析方法，而且分析测定的项目只有一部分能在现场直接测定，大部分项目是现场采样送到实验室分析。由于分析是定时、定点的间断采样分析，因此测定的结果只能反映某一时段、某一局部地点的污染情况。显然，用这种结果定量描述整体的环境动态变化是不全面、不确切的。为了弥补环境分析的不足，分析家和环境科学工作者进一步研究和发展了许多物理和物理化学的测定方法和仪器，并实现了测定的自动化和连续化。特别是 20 世纪 70 年代以来，工业发达的国家已实现了区域性的自动连续监测站网系统，如大气质量自动连续监测系统、水质自动连续监测系统。实现了对环境质量现场的、连续的、长期的监测，并获得更多、更可靠的监测数据，使人们对环境质量有了更全面、更确切的认识和评价。但时至今日人们对环境监测的定义在认识上并未统一。相关人员认为环境监测是环境科学的一个分支学科，是环境科学研究的重要基础。环境监测是对环境化学污染物及物理和生物污染因素进行现场的、长期的、连续的监视和测定，并研究它们对环境质量的影响。对环境化学污染物的监测往往不只是测定其成分和含量，而且需要进行形态、结构和分布规律的监测。对物理污染因素（如噪声、振动、热、光、电磁辐射和放射性等）和生物污染因素，在必要时也应进行监测。只有这样，才能全面地、确切地说明环境污染对人群、生物的生存和生态平衡的影响程度，从而做出正确的环境质量评价。

二、对环境监测的认识

（一）环境监测的概念

环境监测是环境科学的一个重要分支学科。"环境监测"这一概念最初是随着核工业的发展而产生的。由于放射性物质对人体及周围环境的威胁，迫使人们对核设施进行监测，测量放射性的强度，并可随时报警。随着工业的发展和环境污染问题的频频出现，环境监测的含义扩大了，逐步由工业污染源监测发展到大环境的监测，即监测的对象不仅仅指污染物及污染因子，还延伸到对生物、生态变化的监测。

（二）环境监测的发展

其一，被动监测阶段。环境污染虽然自古就有，但环境科学作为一门学科是在 20 世纪 50 年代才开始发展起来。最初危害较大的环境污染事件主要是由于化学毒物所造成，因此，对环境样品进行化学分析以确定其组成和含量的环境分析就产生了。由于环境污染物通常处于痕量级甚至更低，并且基体复杂，流动性、变异性大，又涉及空间分布及变化，所以对分析的灵敏度、准确度、分辨率和分析速度等提出了很高的要求。因此，环境分析实际上是促进分析化学的发展。这一阶段称为污染监测阶段或被动监测阶段。

其二，主动监测阶段。20 世纪 70 年代，随着科学的发展，人们逐渐认识到影响环境质量的因素不仅是化学因素，还有物理因素，例如，噪声、振动、光、热、电磁辐射、放射性等，所以用生物（动物、植物）的受害症状等的变化作为判断环境质量的标准更为确切可靠，于是出现了生物监测，并从生物监测向生态监测发展，即在时间和空间上对特定区域范围内生态系统或生态系统组合体的类型、结构和功能及其组合要素进行系统的观测和测定，以了解、评价和预测人类活动对生态系统的影响，为合理利用自然资源、改善生态环境提供科学依据。此外，某一化学毒物的含量仅是影响环境质量的因素之一，环境中各种污染物之间、污染物与其他物质、其他因素之间还存在着相加和拮抗作用，所以环境分析只是环境监测的一部分。因此，环境监测的手段除了化学的，还发展了物理的、生物的等等。同时，监测范围也从点污染的监测发展到面污染以及区域性的立体监测，这一阶段称为环境监测的主动监测或目的监测阶段。

其三，自动监测阶段。监测手段和监测范围的扩大，虽然能够说明区域性的环境质量，但由于受采样手段、采样频率、采样数量、分析速度、数据处理速度等限制，仍不能及时地监视环境质量变化，预测变化趋势，更不能根据监测结果发布采取应急措施的指令。20世纪80年代初，发达国家相继建立了自动连续监测系统，并使用了遥感、遥测手段，监测仪器用电子计算机遥控，数据用有线或无线传输的方式送到监测中心控制室，经电子计算机处理，可自动打印成指定的表格，画成污染态势、浓度分布；可以在极短时间内观察到空气、水体污染浓度变化、预测预报未来环境质量；当污染程度接近或超过环境标准时，可发布指令、通告，并采取保护措施。这一阶段称为污染防治监测阶段或自动监测阶段。

（三）环境监测的任务

环境监测任务是十分繁重的，目前国内各级环保部门都已建立了环境监测站，与各有关部门、各企事业单位的监测机构相互配合，初步形成了以大中城市为中心的大气监测网络和以水系、海域为中心的水质监测网络，这对掌握国内区域环境状况，评价环境质量，加强环境管理，改善与保护环境等方面发挥了积极作用。环境监测任务具体如下：

其一，确定污染物质浓度、分布现状、发展趋势和速度，以追究污染物质的污染途径和污染源，并判断污染物质在时间上和空间上的分布、迁移、转化和发展规律；

其二，确定污染源造成的污染影响，掌握污染物质作用于大气、水体、土壤和生态系统的规律性，判断浓度最高和问题潜在最严重的区域所在，以确定控制和防治的对策，评价防治措施的效果；

其三，收集监测数据，掌握区域环境状况，定期向权威部门提出环境质量报告。

（四）环境监测的要求

其一，代表性。主要是指要取得具有代表性的能够反映总体真实状况的样品，所以样品必须按照有关规定的要求、方法采集。

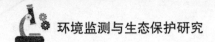

其二，完整性。主要是指强调总体工作规划要切实完成，既保证按预期计划取得有系统性和连续性的有效样品，而且要无缺漏地获得这些样品的监测结果及有关信息。

其三，准确性。主要是指测定值与真值的符合程度。

其四，精密性。主要是指多次测定值要有良好的重复性和再现性。

其五，可比性。主要是指不同实验室之间、同一实验室不同人员之间、相同项目历年的资料之间可比。

三、环境监测的目的

环境监测的目的是准确、及时、全面地反映环境质量现状及发展趋势，为环境管理、污染源控制、环境规划提供科学依据。环境监测的任务可具体归纳为：

1. 根据环境质量标准利用监测数据对环境质量做出评价；

2. 根据污染情况追踪污染源，研究污染变化，为环境污染监测和污染控制提供依据；

3. 收集环境本底数据，积累长期监测资料，为制定各类环境标准（法规）实施总量控制、目标管理、预测环境质量提供依据；

4. 实施准确可靠的污染监测，为环境执法部门提供执法依据；

5. 为保护生态环境、人类健康以及自然资源的合理利用提供服务。

四、环境监测的分类

（一）按监测目的分类

1. 监视性

监视性监测是对环境要素的污染状况及污染物的变化趋势进行监测，以达到确定环境质量或污染状况、评价污染控制措施效果和衡量环境标准实施情况等目的。监视性监测是各级环境监测站监测工作的主体所积累的环境监测数据确定区域内环境污染状况及发展趋势的重要基础。监视性监测包括以下两方面的工作：

其一，污染源例行监测和监督监测主要是掌握污染排放浓度、排放强度、负荷总量、时空变化等，为强化环境管理，贯彻落实有关标准、法规、制度等做好技术监督和提供技术支持；

其二，环境质量监测主要是指定期定点对指定范围的大气、水质、噪声、辐射、生态等各项环境质量因素状况进行监测分析，为环境管理和决策提供依据。

2. 研究性

研究性监测是针对特定目的科学研究而进行的高层次监测，是通过监测了解污染机理，弄清污染物的迁移变化规律，研究环境受到污染的程度，例如环境本底的监测及研究，有毒有害物质对从业人员的影响研究，为监测工作本身服务的科研工作的监测，属于技术比较复杂的一种监测，往往要求多部门、多学科协作才能完成。包含以下几种情况：

其一，标准方法、标准样品研制监测。为制定、统一监测分析方法和研制环境标准物质（包括标准水样、标准气、土壤、尘等各种标准物质）所进行的监测。

其二，污染规律研究监测。主要研究污染物从污染源到受体的转移过程以及污染物质对人、生物和生态环境的影响。

其三，背景调查监测。通过监测专项调查某区域环境中污染物质的原始背景值或本底含量。

3. 特定目的性

特定目的性监测是为完成某项特种任务而进行的应急性的监测，是不定期、不定点的监测。这类监测除一般的地面固定监测外，还有流动监测、低空航测、卫星遥感监测等形式。特定目的性监测可分为以下几种情况：

其一，污染事故监测。对各种突发污染事故进行现场应急监测，摸清事故地污染程度和范围造成危害大小等，为控制和消除污染提供决策依据。如：石油溢出事故造成的海洋污染监测，核泄漏事故引起的放射性污染监测，工业污染源各类突发性的污染事故监测，等等。

其二，仲裁监测。仲裁监测主要是针对环境法律法规执行过程中所发生的矛盾和环境污染事故引起的纠纷而进行的监测。仲裁监测应由国家指定的具有质量认证资质的单位或部门承担。

其三，审核验证监测。审核验证监测一般包括环境监测技术人员的业务考核、上岗培训考核，环境监测方法验证和污染治理项目竣工验收监测，等等。

其四，综合评价监测。针对某个工程或建设项目的环境影响评价进行的综合性环境现状监测。

其五，咨询服务监测。指向其他社会部门提供科研、生产、技术咨询、环境评价和资源开发保护等服务时需要进行的服务性监测。

（二）按监测介质分类

环境监测按监测介质（环境要素）分类可分为空气监测、水质监测、土壤监测、固体废物监测、生物监测、生态监测、物理污染监测（包括噪声和振动监测、放射性监测、电磁辐射监测）和热污染监测等。

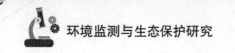

第二节 环境监测的特点与技术

一、环境污染与环境监测

（一）环境污染的特点

1. 空间性

污染物和污染因素进入环境后，随着水和空气的流动而被稀释扩散。不同污染物的稳定性和扩散速度与污染物性质有关。因此，不同空间位置上污染物的浓度和强度分布是不同的。为了正确表述一个地区的环境质量，单靠某一点监测结果是不完整的，必须根据污染物的时间、空间分布特点，科学地制订监测计划（包括监测网点设置、监测项目和采样频率设计，等等），然后对监测数据进行统计分析，才能得到较全面客观的反映。

2. 时间性

污染物的排放量和污染因素的强度随时间而变化。例如，工厂排放污染物的种类和浓度往往随时间而变化。由于河流的潮汐和丰水期、枯水期的交替，都会使污染物浓度随时间而变化。随着气象条件的改变会造成同一污染物在同一地点的污染浓度相差高达数十倍。交通噪声的强度随着不同时间内车辆流量的变化而变化。

3. 综合效应

环境是一个由生物（动物、植物、微生物）和非生物所组成的复杂体系，必须考虑各种因素的综合效应。从传统毒理学的观点来看，多种污染物同时存在对人或生物体的影响有以下几种情况：

其一，拮抗作用。当两种或两种以上污染物对机体的毒害作用彼此抵消一部分或大部分时，称为拮抗作用。如动物实验表明，当食物中有 30mg/kg 甲基汞，同时又存在 12.5mg/kg 硒时，就可能抑制甲基汞的毒性。

其二，单独作用。单独作用主要是指由于混合物中某一组分对机体中某些器官发生危害，没有因污染物的共同作用而加深危害的，称为污染物的单独作用。

其三，相加作用。混合污染物各组分对机体的同一器官的毒害作用彼此相似，且偏向同一方向，当这种作用等于各污染物毒害作用的总和时，称为污染的相加作用。如大气中二氧化硫和硫酸气溶胶之间、氯和氯化氢之间，当它们在低浓度时，其联合毒害作用即为相加作用，而在高浓度时则不具备相加作用。

其四，相乘作用。当混合污染物各组分对机体的毒害作用超过个别毒害作用的总和时，称为相乘作用。如二氧化硫和颗粒物之间、氮氧化物与一氧化碳之间，就存在相乘作用。

其五，环境污染的社会评价。环境污染的社会评价与社会制度、文明程度、技术经济发展水平、民族的风俗习惯、哲学、法律等问题有关。有些具有潜在危险的污染因素，因其表现为慢性危害，往往不会引起人们注意，而某些现实的、直接感受到的因素容易受到社会重视。如河流被污染程度逐渐增大，人们往往不予注意，而因噪声、烟尘等引起的社会纠纷却很普遍。

4. 与污染物含量关系

有害物质引起毒害的量与其无害的自然本底值之间存在一定界限。所以，污染因素对环境的危害有一阈值。对阈值的研究，是判断环境污染及污染程度的重要依据，也是制定环境标准的科学依据。

（二）污染物的性质

分析和了解各种环境污染物质的各种性质，对于选择监测污染物质及其布点、采样，评价污染物质对环境的影响，研究环境容量和制定各种污染物质的排放标准等都是非常有用的。

1. 毒性

有些污染物质具有剧毒性，即使有痕量存在也会危及人类和生物的生存。环境污染物质中，氰化物、砷及其化合物、汞、铍、铊、有机磷、有机氯等的毒性都是很强的。污染物质是否有毒不仅取决于其数量多少，也取决于其存在的形态，例如简单氰化物（氰化钾、氰化钠等）的毒性就比络合氰化物（铁氰络离子等）要大；六价铬对人体和作物的毒性比三价铬的要大。污染物质的毒性还包括它们的致癌、致畸、致突变性质。

2. 自然性

人类长期生活在自然环境中，对于自然物质有较强的适应能力。有人分析了人体中60多种常见元素的分布规律，发现其中绝大多数元素在人体血液中的百分含量与它们在地壳中的百分含量极为相似。但是，人类对人工合成的化学物质，其耐受力则要小得多。所以区别污染物质的自然或人工属性，有助于估计它们对人类的危害性。

3. 扩散性

扩散性强的污染物质，有可能造成大范围的污染，反之则只会引起局部污染。摩尔质量小、溶解性好、不易被有机或无机颗粒吸附的污染物质，常能被扩散输送到较远的距离。例如，汞的扩散能力较小，距工厂排放口 1 km 时，水中含汞量已降低了 90% 以上，底泥中的汞也降低了 75% ~ 85%；10 km 时水中的汞已不能检出，而铬、镉、砷等的扩散距离则远较汞为大，因此，在采样布点时就应考虑被测物质的扩散性。

4. 生物蓄积性

有些污染物质会在某些生物体内逐渐积累、富集。以美国密歇根湖中的 DDT 含量测定结果为例，依次测湖水中含痕量 DDT，湖底泥 0.041 mg/kg，吃底泥的介壳动物 0.41 mg/kg，各种鱼 3 ~ 6 mg/kg，海鸥体内脂肪中含 DDT72 400 mg/kg，如此积累，最后使水鸟体中的 DDT 含量高达湖水浓度的数千万倍。这样富集的直接后果是使鱼类、鸟类中毒死亡或繁殖衰退；间接影响是这些尸体已经腐烂分解进一步污染水体和土壤，使生态系统受到严重破坏，人类的健康和食物来源自然也同时遭受影响。

5. 活性和持久性

活性指污染物质在环境中的稳定程度。活性高的物质，不能在环境中久存，但要注意它的反应产物，有无造成二次污染的可能性。排入环境中的污染物质，受其他环境因素的影响，发生化学反应生成比原来毒性更强的污染物质，危害人体及生物，这称为二次污染。水俣病案例中甲基汞中毒就是二次污染的例子，由于含汞废水（含无机汞）与甲醛或乙醛废水反应，或者水中的无机汞被颗粒物吸着沉降在河底，与由甲烷细菌产生的甲烷作用，生成了可溶性的烷基汞：

$$Hg^{2+} \rightarrow CH_3Hg^+ \rightarrow CH_3HgCH_3$$

这种烷基汞的毒性比无机汞更强，被生物积累，经食物链转移到人体，会严重损害人的脑组织，使人呆痴、精神失常，重则致人死亡。与活性相反，持久性则表示有些污染物质能长期地保持其危害性，如重金属铅、镉、铱等。

6. 生物可降解性

有些污染物质能被生物所吸收、利用并分解，最后生成无害的稳定物质。大多数有机物质都有被生物降解的可能性，如苯酚虽有毒性，但经微生物作用后可以被分解无害化，废水的生物化学处理就是利用了这些污染物质的生物可降解性。

7. 对生物体作用的综合性

在含有有毒有害物质的环境中，只存在一种物质的可能性是很小的，往往是多种污染物质同时存在，这时就要考虑它们对生物体作用的综合效应。

（三）环境监测特点

1. 连续性

环境污染的时间、空间分布具有广泛性、复杂性和易变性的特点，因此只有开展长期、连续性的监测才能从众多监测数据中发现环境污染的变化规律并预测其变化趋势，数据越多，监测周期越长，预测的准确度就越高。

2. 综合性

环境监测是一项综合性很强的工作。首先，环境监测的方法包括物理、化学、生物、物理化学、生物化学等。它们都是可以表征环境质量的技术手段。另外环境监测的对象包括空气、水、土壤、固体废物、生物，等准确描述环境质量状况的前提是对这些监测对象进行客观、全面的综合分析。

3. 追溯性

环境监测包含现场调查、监测方案制订、优化布点、样品采集、运送保存、分析测试、数据处理、综合评价等环节，是一项复杂的系统工作。任何一个环节出现差错都将对最终数据的准确性产生直接影响，为保证监测结果的准确度必须先保证监测数据的准确性、可比性、代表性和完整性。因此环境监测过程一般都需要建立相应的质量保障体系，确保每一个工作环节和监测数据都是可靠的、可追溯的。

二、环境监测技术

随着科学技术的不断发展和国家对生态环境管理要求的逐步提高，环境监测技术也随之不断发展。目前，环境监测技术逐步向高灵敏度、高准确度、高分辨率方向发展。随着对环境污染物研究的不断深入，人们逐渐认识到环境中部分污染物其浓度虽然很低，但对人体和生态环境都会产生不同程度的危害，如 VOCs（挥发性有机物）和环境激素类化学品等。对这类污染物质实施监测，必须借助痕量及至超痕量分析技术，对监测方法及分析仪器灵敏度、准确度、分辨率等方面的要求也随之提高。因此，高灵敏度、高准确度、高分辨率的检测技术和分析仪器，如大型精密分析仪器、多仪器联用技术等被日益广泛地应用于环境监测工作中。

另外，当前的环境监测正逐步向自动化、标准化和网络化方向发展，环境监测仪器正在向便携化和复合化方向发展。3S 技术（地理信息系统技术 GIS、遥感技术 RS、全球卫星定位系统技术 GPS）和信息技术被广泛应用于环境监测中。现代生物技术在环境监测中的应用也逐渐增多。

（一）生物监测技术

生物监测技术是利用生物个体、种群或群落对环境污染所产生的反应信息来判断环境质量状况的一类方法。生物监测包括生物体内污染物含量的测定、观察生物在环境中受伤害症状、生物的生理生化反应的测定、生物群落结构和种类变化的监测等方面。例如：根据指示植物叶片上出现的受伤害症状，可对大气污染做出定性和定量的判断；利用水生生物受到污染物毒害所产生的生理机能（如鱼的血脂活力）变化，可判断水质污染状况；等等。所以，这种方法也是一种最直接地反映环境综合质量的方法。

（二）结构分析技术

分析污染物的物理化学状态或结构的方法，称为状态或结构分析。污染物的状态有物理（气态、液态、固态）和化学（原子的结合状态、原子的电子状态、分子的激发状态、聚集状态和分子的不同结构）之分。事实表明，化学污染物的状态、结构决定它在环境中的特性，不同状态和结构的污染物对动植物和人体毒性也不同。结构分析对研究污染物的形成过程、反应机制、污染效应，制定环境保护标准、确定治理措施、监测污染状况均有重要的理论和实际意义。常用的结构分析方法有：紫外光谱、红外光谱、激光拉曼光谱、质谱、核磁共振、顺磁共振、X射线衍射法、旋光光谱与圆二色谱、电子能谱、莫斯包尔谱等。

（三）仪器分析技术

仪器分析法是利用被测物质的物理或物理化学性质来进行分析的方法。由于这类分析方法一般需要借助相应的分析仪器，因此称为仪器分析法。目前，仪器分析法已被广泛应用于对环境污染物的定性和定量分析中。在环境监测中常用的仪器分析法有光谱分析法（包括紫外—可见分光光度法、红外光谱法、原子吸收光谱法、原子荧光光谱法、X射线荧光光谱法等）、质谱法、色谱分析法（包括气相色谱法、高效液相色谱法、离子色谱法、气—质联用、液—质联用等）、电化学分析法（包括电位分析法、极谱分析法等）等。例如：污染物中无机金属和非金属的测定常用光谱分析法；有机物的测定常用色谱分析法；污染物的定性分析和结构分析常采用紫外—可见分光光度法、红外分光光度法（即红外光谱法）、质谱法等。

（四）化学分析技术

1. 重量分析法

重量分析法是用适当方法先将试样中的待测组分与其他组分分离并转化为一定的形式，再用称量的方式测定该组分含量的分析方法。重量分析法在环境监测中主要用于环境空气中悬浮颗粒物、降尘以及水体中悬浮固体、残渣、油类等项目的测定。

2. 容量分析法

容量分析法是将一种已知准确浓度的溶液（标准溶液），滴加到含有被测物质的溶液中，根据化学定量反应完成时消耗标准溶液的体积和浓度，计算出被测组分含量的一类分析方法。根据化学反应类型的不同，容量分析法分为酸碱滴定法、配位滴定法、沉淀滴定法和氧化还原滴定法四种。容量分析法主要用于水中酸碱度、化学需氧量、生化需氧量、溶解氧、硫化物、氰化物、硬度等项目的测定。

第三节　环境监测网络与标准体系

一、环境监测网络

（一）环境监测网络简介

环境监测工作是综合性科学技术工作与执法管理工作的有机结合体。环境监测网络既具有收集、传输质量信息的功能，又具有组织管理功能。目前，国内外建立的环境监测网络主要有两种类型。一种是要素型，即按不同环境要素来建立监测网络，如美国国家环保局的环境监测网络。美国国家环保局设有三个国家级监测实验室（大气监测研究中心，水质监测研究中心，噪声、放射性、固体废弃物及新技术研究中心），分别负责全国各环境要素的监测技术、数据收集处理工作。另一种是管理型，即按行政管理体系来建立监测网络。该类型中监测站按行政层次设立，测点由地方环保部门控制。上述两种类型的监测网络分别如图1-1、图1-2所示。

监测站基本监测能力主要以能否开展现行的《空气和废气监测分析方法》《水和废水监测分析方法》《环境监测技术规范（噪声部分）》等各种监测技术规范中列举的监测项目来衡量。原则上三级站（市级）应尽可能全面具备各项目的监测能力。四级站（县级）

监测，应根据当地污染特点尽可能增加相应的监测项目；一、二级站（国家级、省级）必须具备各项目监测分析能力，其中大气和废气监测共 61 项；降水监测 12 项；水和废水监测 71 项；土壤底质固体废弃物监测 12 项；水生生物监测 3 大类；噪声、振动监测 6 项。

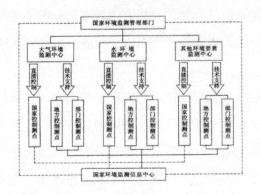

图 1-1 要素型检测网络

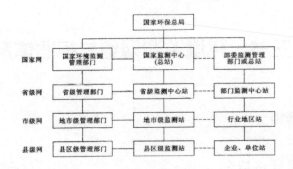

图 1-2 管理型监测网络

（二）国内环境监测网络

早在 20 世纪 90 年代初，国内就建立起了国家环境质量监测网（简称国控网），形成了国家、省、市、县四级环境监测网络。自 1998 年起，设立了国家环境监测网络专项资金，用于环境监测能力和监测信息传输能力等方面建设。可以说，国内的环境监测网络在最初的管理型监测网络（按行政管理体系建立）的基础上逐步建立和完善了以环境要素为基础的跨部门、跨行政区的要素型监测网络，如三峡工程生态与环境监测信息管理中心、东亚酸沉降监测网中国网、国家海洋环境监测中心等。目前，国内已建成覆盖全国的自动化、标准化的环境质量监测网络，涵盖了城市空气质量自动监测系统、地表水质自动监测系统、污染源自动监测系统、近岸海域自动监测系统、生态监测系统等。

二、环境监测标准体系

（一）环境监测标准的意义

污染物造成环境污染的因素复杂，时空变化差异大，对其测定的方法可能有许多种，但为了提高环境监测数据的准确性和可比性，保证环境监测工作质量，环境监测必须制定和执行国家或部门统一的环境监测方法标准。有时，还必须执行国际统一的环境监测方法标准。

所谓"标准"，即经公认的权威机构批准的一项特定标准化工作成果（ISO定义），它通常以文件的形式规定必须满足的条件或基本单位。环境标准是以防止环境污染，维护生态平衡，保护人群健康为目的，对环境保护工作中需要统一的各项技术规范和技术要求所做的规定，也是有关控制污染、保护环境的各种标准的总称。

环境标准是环境保护法规的重要组成部分，具有法律效力；环境标准是环境保护工作的基本依据，也是判断环境质量优劣的标尺。环境标准在无形中推动环境科学的不断发展。

（二）地方环境保护标准

我国国土面积大，不同地区的自然条件、环境状况、产业分布和主要污染因子等情况存在较大差异，有时国家环境保护标准很难覆盖和适应全国各地的情况。地方环境保护标准是由省（自治区、直辖市）人民政府根据地方特点或针对国家标准中未做规定的项目制定的环境保护标准，是对国家环境保护标准的有效补充和完善。对国家标准中未做规定的项目，可以制定地方环境质量标准；对国家标准中已这样做规定的项目，可以制定严于国家标准的相应地方标准。

地方环境标准可在本省（自治区、直辖市）所辖地区内执行。地方环境保护标准包括地方环境质量标准和地方污染物排放标准。环境基础标准、环境标准样品标准和环境监测方法标准不制定地方标准。在标准执行时，地方环境保护标准优先于国家环境保护标准。近年来，随着环境保护形势的日趋严峻，一些地方已将总量控制指标纳入地方环境保护标准。

（三）国内环境标准体系

目前，国内的环境保护标准是由国家环境保护行政主管部门制定和颁布，并监督实施。环境技术法规规范的范围包括对大气、水体、生态、生物安全、声等环境造成危害的各种物理性、化学性、生物性有害物质进行管制的范畴。如有害的废水、废气、固体废弃物、放射性物质、电磁辐射、光、有害微生物、有害植物等。环境技术法规主要由现行的环境质量标准、环境污染物排放标准，按照国际通行的体例和内容进行转化，形成一个完整的、系统的、可实施的环境法律规范。这部分内容是环境标准基本体系中最重要、最基本的构成部分。国内的环境标准体系由国家环境保护标准、地方环境保护标准和国家环境保护行业标准三部分组成。国内环境标准体系构成如图 1-3 所示。

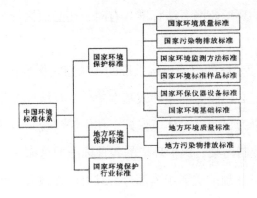

图 1-3 我国环境标准体系构成

其一，国家环境质量标准。国家环境质量标准是指在一定的时间和空间范围内，为保护人群健康，维护生态平衡，保障社会物质财富，国家在考虑技术、经济条件的基础上，对环境中有害物质或因素的允许含量所做的限制性规定。它是国家环境政策目标的具体体现，是制定污染物排放标准的依据，也是衡量环境质量的标尺。这类标准一般按照环境要素和污染要素划分，如大气质量标准、水质量标准、环境噪声标准以及土壤、生态质量标准等。

其二，国家污染物排放标准。国家污染物排放标准是国家为实现环境质量标准目标，结合技术经济条件和环境特点，对排入环境的污染物或有害因素所做的限制性规定。它是实现环境质量标准的重要保证，也是对污染排放进行强制性控制的重要手段。

其三，国家环境监测方法标准。国家环境监测方法标准是国家为保证环境监测工作质量而对采样、样品处理、分析测试、数据处理等所做的统一规定。此类标准一般包含采样方法标准和分析测定方法标准。

其四，国家环境标准样品标准。国家环境标准样品标准是国家为保证环境监测数据的准确、可靠而对用来标定分析仪器、验证分析方法、评价分析人员技术和进行量值传递或质量控制的材料或物质所做的统一规定。

其五，国家环境基础标准。国家环境基础标准是指在环境保护工作范围内，对有指导意义的符号、代号、图形、量纲、指南、导则等由国家所做的统一规定。它在环境标准体系中处于指导地位，是制定其他标准的基础。

　　除上述环境标准外，国家对环境保护工作中其他需要统一的方面也制定了相应的标准，如环保仪器设备标准等。目前，国内的环境基础标准、环境监测方法标准和环境标准样品标准，已基本与国际通用的相关标准接轨。环境质量标准和污染物排放标准受具体国情和环境特点及技术条件的制约，一般不采用国际标准。

（四）国家环境保护行业标准

　　由于各类行业的生产情况不同，其产生和排放的污染物的种类、强度和方式各不相同，有些行业之间差异很大。因此，针对不同的行业需制定相应的环境保护标准才能与各行业的具体情况相适应。国家环境保护行业标准由国家环境保护行政主管部门针对不同行业的具体情况制定，在全国范围内执行。在环境保护领域，主要围绕污染物排放来制定行业标准。污染物排放标准分为综合排放标准和行业排放标准。

　　行业排放标准是针对特定行业的生产工艺、排污状况以及污染控制技术评估和成本分析，并参考国外相关法规和典型污染达标案例等综合情况而制定的污染物排放控制标准。例如：中华人民共和国环境保护部（原环保总局）根据国内大气污染物排放的特点，确定锅炉、水泥厂、火电厂、炼焦炉、工业炉窑（含黑色冶金、有色冶金、建材）等为重点排放设备或行业，并单独为其制定排放标准。行业排放标准是根据本行业的污染状况制定的，因而具有更好的适应性和可操作性。综合排放标准与行业排放标准不交叉执行，在有行业排放标准的情况下优先执行行业排放标准。

第二章 环境监测的常规方法

环境监测是间断或连续地测定环境中污染物的浓度，观察、分析其变化和对环境影响的过程。环境监测是通过对人类和环境有影响的各种物质的含量、排放量的检测，跟踪环境质量的变化，确定环境质量水平，为环境管理、污染治理等工作提供基础和保证。简单地说，了解环境水平，进行环境监测，是开展一切环境工作的前提。环境监测通常包括背景调查、确定方案、优化布点、现场采样、样品运送、实验分析、数据收集、分析综合等过程。总的来说，就是计划—采样—分析—综合的获得信息的过程。

第一节 水环境监测

一、水资源概述

（一）水资源简介

水是人类社会的宝贵资源，分布于由海洋、江、河、湖和地下水、大气水分及冰川共同构成的地球水圈中。水体是河流、湖泊、沼泽、冰川、海洋及地下水的总称。它不仅包括水，也包括水中的悬浮物、底泥及水生生物。从自然地理的角度看，水体是指地表被水覆盖的自然综合体。

水是人类维系生命、赖以生存的主要物质之一，除供饮用外，更大量地用于生活、工农业生产和城市发展。我们所居住的巨大地球，其表面大部分被蓝色的海洋所覆盖。据估计，地球上存在的总水量大约为 $1.37 \times 10^{18} km^3$，其中，海水约占 97.4%，淡水约占 2.6%。淡水不但占的比例小，而且大部分存在于地球南北极的冰川、冰盖中，可利用的淡水资源只有河流、淡水湖和地下水的一部分，总计不到总量的 1%。

（二）水资源现状

水资源问题是当今全世界受关注的焦点问题之一。我国幅员辽阔、水资源十分丰富，但人均占有量少并且属多水患国家。随着我国经济发展速度快速增长和水资源开发活动的大力开展，水资源保护压力越来越大，同时，不断出现新的生态环境等各种不利于人类生存发展的问题。

年水资源总量为 2.8 万多亿吨，居世界第六位，世界排名第 110 位，被联合国列为 13 个贫水国家之一。同时，随着世界人口的增长及工农业生产的发展，我国水域普遍受到了不同程度的污染，降低了水资源利用的功能。全国 600 多个城市中，有 400 多个城市供水不足，100 多个城市严重缺水，每年缺水 60 多亿 m^3。同时，浪费又很严重，我国工业产品用水量一般比发达国家高出 5 ~ 10 倍，发达国家水的重复利用率一般都在 70% 以上，而我国只为 20% ~ 30%；此外，还面临着严重的污染，近 50% 的重点城镇水源不符合饮用水的标准。目前世界上一些用水集中的城市已经面临或进入了水源危机阶段。水资源短缺，迫使一些城市大量开采地下水，导致地下水位下降、海水入侵和城市地面沉降。城市缺水问题，特别是北方城市缺水问题的严重性，已经成为影响我国城市可持续发展的重要因素。

由于长期以来受"水资源取之不尽，用之不竭"的传统价值观念影响，水资源被长期无偿利用，导致人们的节水意识低下，造成了巨大的水资源浪费和水资源非持续开发利用。水资源日益短缺，合理开发、利用水资源，保护生态环境，维护人与自然的和谐，已经成为 21 世纪人类共同的使命。由于人们节水意识淡薄、浪费现象严重、农业灌溉与工业用水效率低、环境污染、地下水超采等原因，我国水资源短缺形势极为严峻。水资源短缺已成为制约我国经济发展、全面建设小康社会的主要因素之一。

二、水体污染概述

当进入水体的污染物含量超过水体自净能力时，水体的物理、化学和生物特性就会发生变化，水质会恶化，影响水的有效利用，危害人体健康；这种现象被称为水污染。与自然过程相比，人类活动是造成水污染的主要原因。根据排放形式，水污染源被分为两类：点源污染源和非点源污染源。造成水污染的主要污染源是废水、矿山废水和生活污水。这些废水通常通过排水管道集中排放，因此被称为点污染。农田排水和地表径流分散排入水体，往往含有化肥、农药、石油等其他杂质，形成所谓的非点源污染。非点源污染在一些地区呈现着越来越明显的影响，并形成了一定的污染。

（一）来源

1. 病原微生物

病原微生物主要来自城市生活污水、医院污水、垃圾及地表径流等。病原微生物的水污染危害历史悠久，至今仍是威胁人类健康和生命的重要水污染类型。洁净的天然水一般含细菌很少，含有的病原微生物就更少了。在水质监测中，细菌总数和大肠杆菌群数常作为病原微生物污染的间接指标。

病原微生物污染的特点是数量大、分布广、存活时间长（病毒在自来水中可存活 2 ~ 288 d）、繁殖速度快、易产生抗药性。传统的二级生化污水经处理及加氯消毒后，某些病原微生物仍能大量存活。因此，此类污染物实际上可通过多种途径进入人体并在体内生存，一旦条件适合，就会引起疾病。病毒种类很多，仅人粪尿中就有 100 多种。常见的有肠道病毒和传染性肝炎病毒。

2. 重金属污染

重金属作为有色金属在人类的生产和生活中有着广泛的应用，因此在环境中存在各种各样的重金属污染源。其中，采矿和冶炼是向环境释放重金属的主要污染源。水体受重金属污染后，产生的毒性有如下特点：

其一，水体中重金属离子浓度为 0.1 ~ 10 mg/L，即可产生毒性效应；

其二，重金属不能被微生物降解，反而可在微生物的作用下，转化为金属有机化合物，使毒性猛增；

其三，水生生物从水体中摄取重金属并在体内大量积蓄，经过食物链进入人体，甚至经过遗传或母乳传给婴儿；

其四，重金属进入人体后，能与体内的蛋白质及酶等发生化学反应而使其失去活性，并可能在体内某些器官中积累，造成慢性中毒，这种积累的危害有时需要 10 ~ 30 年才会显露出来。因此，污水排放标准都对重金属离子的浓度做了严格的限制，以便控制水污染，保护水资源。引起水污染的重金属主要为汞、铬、镉、铅等。此外，锌、铜、钴、镍、锡等重金属离子对人体也有一定的毒害作用。

3. 有机污染物

其一，好氧有机污染物。需氧有机物包括碳水化合物、蛋白质、油脂、氨基酸、脂肪酸、酯类等有机物质。需氧有机物没有毒性，但水体需氧有机物越多，耗氧量越大，水质越差，水污染越严重。需氧有机物会造成水体缺氧，这对水生生物中的鱼类危害严重。充足的溶解氧是鱼类生存的必要条件，目前水污染造成的死鱼事件绝大多数是由这种类型的污染导致的。当水体中溶解氧消失时，厌氧菌繁殖，形成厌氧分解，发生黑臭，分解出甲烷、硫化氢等有毒有害气体，更不适合鱼类生存和繁殖。

其二，常见的有机毒物。常见的有机毒物包括酚类化合物、有机氯农药、有机磷农药、增塑剂、多环芳烃、多氯联苯等。

（二）控制原则

1. 技术性控制对策

其一，积极推行清洁生产。清洁生产指通过生产工艺的改进和革新、原料的改变、操作管理的强化以及污染物的循环利用等措施，将污染物尽可能地消灭在生产过程中，使污染物排放量减到最少。在工业企业内部加强技术改造，推行清洁生产，是防治工业水污染的最重要的对策与措施。

其二，提高工业用水重复利用率。减少工业用水不仅意味着可以减少排污量，还可以减少工业新鲜用水量。因此，发展节水型工业不仅可以节约水资源，缓解水资源短缺和经济发展的矛盾，还对减少水污染和保护水环境具有十分重要的意义。工业节约用水措施可分为三种类型：技术型、工艺型与管理型。这三种类型的工业节约用水措施可从不同层次控制工业用水量，形成一个严密的节水体系，以达到节水减污的目的。工业用水的重复利用率是衡量工业节水程度高低的重要指标。提高工业用水的重复用水率及循环用水率是一项十分有效的节水措施。

其三，实行污染物排放总量控制制度。长期以来，我国工业废水的排放一直采用浓度控制的方法。这种方法对减少工业污染物的排放起到了积极的作用，但也出现了某些工厂采用清水稀释污水以降低污染物浓度的不正当做法。污染物排放总量控制是既要控制工业废水中的污染物浓度，又要控制工业废水的排放量，从而使排放到环境中的污染物总量得到控制。实施污染物排放总量控制是我国环境管理制度的重大转变，将对防治工业水污染起到积极的促进作用。

其四，实行工业废水与城市生活污水集中处理。在建有城市污水集中处理设施的城市，应尽可能地将工业废水排入城市下水道，进入城市污水处理厂，与生活污水合并处理。但工业废水的水质必须满足进入城市下水道的水质标准。对于不能满足标准的工业废水，应在工厂内部先进行适当的预处理，当水质满足标准后，方可排入下水道。实践表明，在城市污水处理厂集中处理工业废水与生活污水能节省基建投资和运行管理费用，并能取得更好的处理效果。

2. 管理性控制对策

要实行环境影响评价制度和"三同时"制度，进一步完善污水排放标准和相关的水污染控制法规与条例，加大执法力度，严格限制污水的超标排放。规范各单位的污染物排放口，对各排放口和受纳水体进行在线监测，逐步建立并完善城市和工业排污监测网络与数据库，进行科学的监督和管理，杜绝"偷排"现象。

3. 产业与工业结构地优化

在产业规划和工业发展中，贯穿可持续发展的指导思想，调整产业结构，完成产业结构的优化，使其与环境保护相协调。工业结构的优化与调整应按照"物耗少、能耗少、占地少、污染少、技术密集程度高及附加值高"的原则，限制发展那些能耗大、用水多、污染多的工业，以降低单位工业产品或产值的排水量及污染物排放负荷。

三、水质监测方法

水质监测对象分为水环境质量监测和水污染源监测。水环境质量监测包括对地表水（江、河、湖、库、渠、海水）和地下水的监测；水污染源监测包括对工业废水、生活污水、医院污水等的监测。

（一）方案设计思路

水质监测方案设计的思路是在明确监测目的和具体项目的基础上，首先收集水文、地质、气象及污染物的物理化学性质等原始资料，然后综合考虑监测站的人力、物力和技术设备等实际情况，确定采样断面、采样点、采样时间、采样方法等采样方案以及水样的运输、贮存、预处理及分析检测等分析监测方案，最后进行数据处理、综合和撰写监测报告。

按照水体性质不同采样布点方案分为地表水、地下水、水污染源三种方案。

（二）地表水采样布点方案

1. 河流采样布点方案

对于江河水系或某一河段，要监测某一污染源排放的污染物的分布状况，须在该河段划分若干采样断面，每个断面再设置若干纵横采样点，从而获得具有代表性的、不同类型的水样。

其一，背景断面。设在基本未受人类活动影响的河段，用于评价一完整水系的原始状态。

其二，对照断面（入境断面）。设在河流刚进入河段的前端。反映进入该河段之前的水质状况，作为该河段的水质原始参照值。一个断面仅设一个对照断面。

其三，控制断面（污染断面）。设在每个污染源下游 500 ~ 1000 m 处（此处污染物混匀且浓度达到最大），由此监视各污染源对水体污染最大时的状况。控制断面数量由污染源分布状况和具体情况而定。

其四，削减断面（净化断面）。设在该河段最后一个污染源下游1500m以外，由于污染物经过河水稀释和生化自净作用而浓度显著下降，反映了河水进入自净阶段。

江河水系的深度和宽度不同，每个监测断面还应根据水面的宽度不同布设若干横向（水平方向）采样点，根据水的深度不同布设若干纵向（垂直方向）采样点。

2. 湖库采样布点方案

湖泊、水库采样点的布设在考虑到具体特性后，按照下面三个原则划分监测断面，再根据水深和水温设定不同的采样点。

其一，湖库进口处设一弧形监测断面。

其二，以功能区（排污口区、饮用水区、风景区等）为中心，在其辐射线设置弧形监测断面，在湖库中心区、深水区、浅水区、滞流区、水生生物区设置监测断面。

其三，每一个监测断面根据水深和水温不同设置相应的采样点。

（三）地下水采样布点方案

储存于土壤、岩层、地下河、井水等一切地表下的水，称为地下水。地下水相对于地表水较稳定，受污染和波动变化较小。但由于人类的活动范围扩大，导致地下水污染由点到面，日益扩大和加剧。地下水污染大多是农药、化肥、工业废渣、废水向地下水的渗透、迁移和扩散所致，因此，地下水监测要考虑三方面：一方面，污染源、污染物等监测目标的确立；另一方面，地下水的水文、地质资料的收集和社会调查；第三方面，取样监测井的设置。在未受或较少污染的地点设置一个背景监测井（在污染源上游方向），根据污染物扩散形式在污染源周围或地下水下流方向设置若干取样监测井。不仅如此，当确定为点状污染源时，以污染源为顶点，采用向下游扇形布点法，当无法确定污染物扩散形式时，采用边长为50～100m的网格布点法。

（四）水污染源采样布点方案

水污染源分为工业废水、城市污水两大类，是造成水质污染的主要因素。水污染源采样布点方案的设计首先要进行原始资料的收集，通过现场实地考察调研，掌握废水、污水的排放量、污染物种类、排污口的数量和位置、是否经过水处理等基本状况。然后，确定采样监测点位、采样方法与技术、监测方法等具体技术方案。

1. 工业废水采样点位

其一，一类污染物（重金属、剧毒、致癌物等）在生产车间及设备的废水排放口直接采样。

其二，二类污染物（酸、碱、酚等）在工厂废水总排放口采样。

其三，已有废水处理设施的工厂。在废水进出口采样，以便掌握生产废水、排放废水的污染物状况和废水处理效果。

2. 城市污水采样点位

其一，城市污水管网。在市政排污管线的检查井、城市主要排污口或总排污口处设置采样点。

其二，城市污水处理厂。在污水处理厂（含医院污水处理站）进出口设置采样点。

其三，监测时间与频率。江河湖库海等地表水，每年分为丰水、枯水、平水三个时期，每期监测两次；城区、工业区、旅游区、饮用水源河段等重要区域，每月监测一次；地下水分别在丰水期、枯水期监测，每期 2 ~ 3 次，每次间隔 10 天；工业废水每个生产周期内，间隔 2 ~ 4h 监测一次；城市污水每天监测不少于两次，对于重点监测的污染源和水体应采用连续自动监测。

第二节　空气与废气监测

一、大气、空气和空气污染

大气系指包围在地球周围的气体，其厚度达 1000 ~ 1400 km，其中，对人类及生物生存起着重要作用的是近地面约 10 km 内的空气层（对流层）。空气层厚度虽然比大气层厚度小得多，但空气质量却占大气总质量的 95% 左右。在环境科学书籍、资料中，常把"空气"和"大气"作为同义词使用。

清洁干燥的空气主要组分是：氮 78.06%、氧 20.95%、氩 0.93%。这三种气体的总和约占总体积的 99.94%，其余尚有十多种气体总和不足 0.1%。实际空气中含有水蒸气，其浓度因地理位置和气象条件不同而异，干燥地区可低至 0.02%，而暖湿地区可高达 0.46%。清洁的空气是人类和生物赖以生存的环境要素之一。在通常情况下，每人每日平均吸入 10 ~ 12 m^3 的空气，在 60 ~ 90 m^3 的肺泡面积上进行气体交换，吸收生命所必需的氧气，以维持人体正常生理活动。

随着工业及交通运输等事业的迅速发展，特别是煤和石油的大量使用，将产生的大量有害物质如烟尘、二氧化硫、氮氧化物、一氧化碳、碳氢化合物等排放到空气中，当其浓度超过环境所能允许的极限并持续一定时间后，就会改变空气的正常组成，破坏自然的物理、化学和生态平衡体系，从而危害人们的生活、工作和健康，损害自然资源及财产、器物等，这种情况即被称为空气污染。

二、空气污染的危害

空气污染会对人体健康和动植物产生危害，对各种材料产生腐蚀损害。对人体健康的危害可分为急性作用和慢性作用。急性作用是指人体受到污染的空气侵袭后，在短时间内即表现出不适或中毒症状的现象。历史上曾发生过数起急性危害事件，例如，伦敦烟雾事件，造成空气中二氧化硫高达 $3.5\ mg/m^3$，总悬浮颗粒物 $4.5\ mg/m^3$，一周雾期内伦敦地区死亡 4703 人；洛杉矶光化学烟雾事件是由于空气中碳氢化合物和氮氧化物急剧增加，受强烈阳光照射，发生一系列光化学反应，形成臭氧、过氧乙酰硝酸酯和醛类等强氧化剂烟雾造成的，致使许多人喉头发炎，鼻、眼受刺激红肿，并有不同程度的头痛。慢性作用是指人体在低污染物浓度的空气长期作用下产生的慢性危害。这种危害往往不易引人注意，而且难于鉴别，其危害途径是污染物与呼吸道黏膜接触；主要症状是眼、鼻黏膜刺激、慢性支气管炎、哮喘、肺癌及因生理机能障碍而加重高血压、心脏病的病情。根据动物试验结果，已确定有致癌作用的污染物质达数十种，如某些多环芳香烃、脂肪烃类、金属类（砷、镍、铍等）。近年来，世界各国肺癌发病率和死亡率明显上升，特别是工业发达国家增长尤其快，而且城市高于农村。通过大量事实和研究证明，空气污染是重要的致癌因素之一。

空气污染对动物的危害与对人的危害情况相似。对植物的危害可分为急性、慢性和不可见三种。急性危害是在高浓度污染物情况下短时间内造成的危害，常使作物产量显著降低，甚至枯死。慢性危害是在低浓度污染物作用下长时间内造成的危害，会影响植物的正常发育，有时出现危害症状，但大多数症状不明显。不可见危害只造成植物生理上的障碍，使植物生长在一定程度上受到抑制，但从外观上一般看不出症状。常采用植物生产力测定、叶片内污染物分析等方法判断慢性和不可见危害情况。

空气污染能使某些物质发生质的变化，造成损失，如二氧化硫能很快腐蚀金属制品及使皮革、纸张、纺织品等变脆，光化学烟雾能使橡胶轮胎龟裂等。

三、空气污染源

空气污染源可分为自然源和人为源两种。自然污染源是由于自然现象造成的，如火山爆发时喷射出大量粉尘、二氧化硫气体等；森林火灾产生大量二氧化碳、碳氢化合物、热辐射等。人为污染源是由于人类的生产和生活活动造成的，是空气污染的主要来源，主要有以下几方面：

其一，室内空气污染源。随着人们生活水平、现代化水平的提高，加上信息技术的飞速发展，人们在室内活动的时间越来越长，据估计，现代人特别是生活在城市中的人80%以上的时间是在室内度过的。因此，近年来对建筑物室内空气质量的监测及其评估，在国内外引起广泛重视。据测量，室内污染物的浓度高于室外污染物浓度2～5倍。室内环境污染直接威胁着人们的身体健康，流行病学调查表明：室内环境污染将提高急、慢性呼吸系统障碍疾病的发生率，特别使肺结核、鼻、咽、喉和肺癌、白血病等疾病的发生率、死亡率上升，导致社会劳动效率降低。室内污染来源是多方面的，含有过量有害物质的化学建材大量使用、装修不当、高层封闭建筑新风不足、室内公共场合人口密度过高等。使室内污染物质难以被稀释和置换，从而引起室内环境污染。

室内空气污染来源有：化学建材和装饰材料中的油漆、胶合板、内墙涂料。刨花板中含有的挥发性的有机物，如甲醛、苯、甲苯、氯仿等有毒物质；大理石、地砖、瓷砖中的放射性物质的排放（氧气及其子体）；烹饪、吸烟等室内燃烧所产生的油、烟污染物质；人群密集且通风不良的封闭室内CO过高；空气中的霉菌、真菌和病毒等。

其二，交通运输工具排放的废气。主要是交通车辆、轮船、飞机排出的废气。其中，汽车数量最大，并且集中在城市，故对空气质量特别是城市空气质量影响大，是一种严重的空气污染源，其排放的主要污染物有碳氢化合物、一氧化碳、氮氧化物和黑烟等。

其三，工业企业排放的废气。在工业企业排放的废气中，排放量最大的是以煤和石油为燃料，在燃烧过程中排放的粉尘、二氧化硫、氮氧化物、一氧化碳、碳氢化合物等，其次是工业生产过程中排放的多种有机和无机污染物质。

四、大气污染物及其存在的状态

（一）依据大气污染物的形成过程

依据大气污染物的形成过程可将其分为一次污染物和二次污染物。

（1）一次污染物

是直接从各种污染源排放到大气中的有害物质。常见的主要有二氧化硫、氮氧化物、一氧化碳、碳氢化合物、颗粒性物质等。颗粒性物质中包含苯并［a］芘等强致癌物质、有毒重金属、多种有机和无机化合物等。

（2）二次污染物

是一次污染物在大气中相互作用或它们与大气中的正常组分发生反应所产生的新污

染物。这些新污染物与一次污染物的化学、物理性质完全不同，多为气溶胶，具有颗粒小、毒性一般比一次污染物大等特点。常见的二次污染物有硫酸盐、硝酸盐、臭氧、醛类（乙醛和丙烯醛等）、过氧乙酰硝酸酯（PAN）等。

（二）依据物质存在的状态

大气中污染物质的存在状态由其自身的物理、化学性质及形成过程决定，气象条件也起一定作用。一般有两种存在状态，即分子状态和粒子状态。分子状态污染物也称气体状态污染物，粒子状态污染物也称气溶胶状态污染物或颗粒污染物。

1. 分子状态污染物

某些物质如二氧化硫、氮氧化物、一氧化碳、氯化氢、氯气、臭氧等沸点都很低，在常温、常压下以气体分子形式分散于大气中。还有些物质如苯、苯酚等，虽然在常温、常压下是液体或固体，但因其挥发性强，故能以蒸气态进入大气中。

无论是气体分子还是蒸气分子，都具有运动速度较大、扩散快、在大气中分布比较均匀的特点。它们的扩散情况与自身的比重有关，比重大者向下沉降，如汞蒸气等；比重小者向上飘浮并受气象条件的影响，可随气流扩散到很远的地方。

2. 粒子状态污染物

粒子状（颗粒状）污染物是分散在大气中的微小液体和固体颗粒。粒径大小在 $0.01 \sim 100 \mu m$ 之间，是一个复杂的非均匀体系。通常根据颗粒物的重力沉降特性分为降尘和飘尘，粒径大于 $10 \mu m$ 的颗粒物能较快地沉降到地面上，称为降尘；粒径小于 $10 \mu m$ 的颗粒物，可以长期飘浮在大气中，这类颗粒物称为可吸入颗粒物或飘尘（IP）。空气污染常规测定项目总悬浮颗粒物（TSP）是粒径小于 $100 \mu m$ 颗粒物的总称。

粒径小于 $10 \mu m$ 的颗粒物还具有胶体的特性，故又称气溶胶。它包括平常所说的雾、烟和尘。

雾是液态分散型气溶胶和液态凝结型气溶胶的统称。形成液态分散性气溶胶的物质在常温下是液体，当它们因飞溅、喷射等原因被雾化后，即形成微小的液滴分散在大气中。液态凝结型气溶胶则是由于加热使液体变为蒸汽散发在大气中，遇冷后凝结成微小的液滴悬浮在大气中，雾的粒径一般在 $10 \mu m$。

烟是指燃煤时所产生的煤烟和高温熔炼时产生的烟气等，它是固态凝结型气溶胶，生成这种气溶胶的物质在通常情况下是固体，在高温下由于蒸发或升华作用变成气体逸散到大气中，遇冷凝结成微小的固体颗粒，悬浮在大气中构成烟。烟的粒径一般在 $0.01 \sim 1 \mu m$ 之间。平常所说的烟雾，具有烟和雾的特性，是固、液混合气溶胶。一般烟和雾同时形成

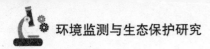

时就构成烟雾。

尘是固体分散性微粒，它包括交通车辆行驶时带起的扬尘，粉碎、爆破时产生的粉尘等。

五、空气中污染物的时空分布特点

与其他环境要素中的污染物质相比较，空气中的污染物质具有随时间、空间变化大的特点。了解该特点，对于获得正确反映空气污染实况的监测结果有重要意义。

空气污染物的时空分布及其浓度与污染物排放源的分布、排放量及地形、地貌、气象等条件密切相关。

气象条件如风向、风速、大气湍流、大气稳定度总在不停地改变，故污染物的稀释与扩散情况也不断地变化。同一污染源对同一地点在不同时间所造成的地面空气污染浓度往往相差数倍至数十倍；同一时间不同地点也相差甚大。一次污染物和二次污染物浓度在一天之内也不断地变化。一次污染物因受逆温层及气温、气压等限制，清晨和黄昏浓度较高，中午较低；二次污染物如光化学烟雾，因在阳光照射下才能形成，故中午浓度较高，清晨和夜晚浓度低。风速大，大气不稳定，则污染物稀释扩散速度快，浓度变化也快；反之，稀释扩散慢，浓度变化也慢。

污染源的类型、排放规律及污染物的性质不同，其时空分布特点也不同。例如，我国北方城市空气中 SO_2 浓度的变化规律是：在一年内，1、2、11、12 月属采暖期，SO_2 浓度比其他月份高；在一天之内，6:00—8:00 和 18:00—21:00 为供热高峰时间，SO_2 浓度比其他时间高。点污染源或线污染源排放的污染物浓度变化较快，涉及范围较小；大量的分散供热锅炉等构成的面污染源排放的污染浓度分布比较均匀，并随气象条件变化有较强的变化规律。就污染物的性质而言，质量轻的分子态或气溶胶态污染物高度分散在空气中，易扩散和稀释，随时空变化快；质量较重的尘、汞蒸气等，扩散能力差，影响范围较小。

六、空气中污染物的浓度表示方法

空气中污染物浓度有两种表示方法，即单位体积质量浓度和体积比浓度，根据污染物存在状态选择使用。

（一）单位体积质量浓度

单位体积质量浓度是指单位体积空气中所含污染物的质量数，用 C 表示，常用单位为 mg/m^3 或 $\mu g/m^3$，这种表示方法对任何状态的污染物都适用。

（二）体积比浓度

体积比浓度是污染物体积与气样总体积的比值，用 C_0 表示，常用单位为 mL/m^3（ppm）或 $\mu L/m^3$（ppb）。这种浓度表示方法仅适用于气态或蒸气态物质。

因为单位体积质量浓度受温度和压力变化的影响，为使计算出的浓度具有可比性，我国空气质量标准采用标准状况（0℃、101.325 kPa）时的体积。非标准状况下的气体体积可用气态方程式换算成标准状况下的体积，换算式如下：

$$V_0 = \frac{V_t \times 273 \times P}{(273 + t) \times 101.325}$$

式中，V_0——标准状态下的体积（L）；

　　　P——采样现场的大气压（kP_0）；t——采样现场温度（℃）；

　　　V——现场状态下气体样品体积（L）。

计算现场状态下的采样体积 V，

$$V = Q \times t$$

式中，V——通过一定流量采集一定时间后获得的气体样品体积 L；

　　　Q——采样流量，L/min；

　　　t——采样时间，min。

以上两种单位可以互相换算，如下式：

$$C_0 = 22.4 \times (C/M)$$

式中：C_0——以 mL/m^3（ppm）表示气体浓度；

　　　C——以 mg/m^3 表示气体浓度；

　　　M——污染物质的分子质量，g/mol。

第三节　土壤与固体废物监测

一、土壤概述

《中国农业百科全书·土壤卷》指出：土壤是地球陆地表面能生长绿色植物的疏松层。其厚度以数厘米至数米不等。土壤与成土母质的本质区别在于它具有肥力，即具有不断地为植物生长提供并协调营养条件和环境条件的能力。土壤圈介于大气圈、岩石圈、水圈和生物圈之间，是地球各圈层（水、气和生物等）中较活跃、较富生命力的圈层之一，具有独特的功能和特性。土壤是动植物、人类赖以生存的物质基础。因此，土壤质量的优劣直接影响人类的生产、生活和发展。

（一）土壤的组成

土壤是由地球表层的岩石经风化作用，在母质、生物、气候、地形、时间等多种因素作用下形成和演变而来的。土壤是由矿物质、动植物残体腐解产生的有机物质、水分和空气等固、液、气三相物质组成的疏松多孔体。土壤的组成带有明显的地域特征，不同地带土壤的物理化学性质及生物性质是不同的。

1. 土壤矿物质

土壤矿物质是岩石经风化作用形成的，占土壤固体部分总质量的90%以上，有土壤骨骼之称。土壤矿物质种类很多，化学成分比较复杂，是土壤中最不活跃的部分，但它的组成和性质又直接影响土壤的物理和化学性质。土壤矿物质是植物营养元素的重要来源，按其组成成分的不同可分为原生矿物质和次生矿物质两类。

①原生矿物质：是指各种岩石在风化过程中，只遭受机械性破坏，破碎成碎屑，而其化学成分没有改变。这类矿物质分布比较广泛，主要有硅酸盐类，如石英、长石、云母等，还有氧化物类矿物、硫化物类和磷酸盐类。

②次生矿物质：大多是指由原生矿物质经过化学风化后形成的新矿物。包括碳酸盐、硫酸盐、氯化物、三氧化物和次生铝硅酸盐类等。次生黏土矿物大多为各种铝硅酸盐和铁硅酸盐，如高岭土、蒙脱土、多水高岭土和伊利石。土壤中很多重要的物理、化学成分和过程都与其所含的黏土矿物的种类和数量有关。次生矿物中简单盐类呈水溶性，易被淋失。

土壤矿物质的组成如下：

①化学组成

土壤矿物质中化学元素的相对含量与地球岩石圈的化学组成相似。其中氧、硅、铝、铁、钙、钠、钾和镁八大元素在岩石圈中的含量约占总量的96%，其余元素的含量非常低，低于十万分之一甚至百万分之一，统称为微量元素。

②机械组成

土壤是由各种大小不同的颗粒组成的，土壤的机械组成是指土壤中各种大小不同的组成颗粒的相对含量的百分比。国际制采用三级分类法，将土壤分为砂土、壤土、黏壤土和黏土四大类和十二级。近年来，我国土壤工作者制定了我国土壤质地的分类标准，把土壤质地分为三组十一种。

2. 土壤有机质

土壤有机质是由进入土壤的动植物及微生物残骸和施入土壤的有机肥料经生物作用逐渐形成的,与土壤矿物质共同构成了土壤的固相部分,土壤有机质主要分布于土壤表层,占土壤干重的 1% ~ 10%。按其分解程度可分为新鲜有机质、半分解有机质和腐殖质。腐殖质是指新鲜有机质经微生物分解转化所形成的黑色或暗棕色胶体物质,是具有多功能团、芳香族结构的酸性高分子化合物,具有表面吸附、离子交换、络合、缓冲、氧化还原等性能,一般占土壤有机质总量的 85% ~ 90%,这类物质对污染物在土壤中的迁移、转化起着积极作用,如腐殖质能强烈吸附土壤中的重金属离子。

3. 土壤微生物

土壤微生物的种类很多,如细菌、真菌、藻类和原生动物等都是土壤微生物。土壤微生物不仅是土壤有机质的重要来源,而且对进入到土壤中的有机污染物的降解及无机污染物的形态转化起着主导作用,是土壤净化功能的主要贡献者。土壤微生物的数量巨大,1 g 土壤中就有几亿到几百亿个微生物。如果土壤被污染,土壤微生物的数量和代谢都会受到影响,因此,土壤微生物可作为判断土壤质量的灵敏指示剂。

4. 土壤水分

土壤中各种形态的水分统称为土壤水,它存在于土壤的孔隙中,主要来源于大气降水、地表径流和农田灌溉,相当于土壤的"血液",对土壤中各种物质的迁移、转化和土壤的形成起着决定作用,是影响土壤质量的重要元素。实际上,土壤水并不是纯水,而是一种含有复杂溶质的溶液,为植物的生长提供必要的水分和养分。

5. 土壤空气

存在于土壤孔隙中的气体统称为土壤空气,主要来源于大气和生化反应产生的气体,如甲烷、硫化氢、氮氧化物等。在排水良好的土壤中,土壤空气主要来源于大气,因此其成分与大气基本相同;而在排水不良的土壤中,土壤空气的含氧量下降,而二氧化碳的含量会增加。影响土壤空气的因素很多,如土壤水分、土壤中的生物活动、土壤的深度及酸碱度、季节变化、栽培措施等。

（二）土壤的特性

土壤的重要特征之一就是具有肥力,植物在生长过程中需要的水分和养分都来源于土壤,依照土壤的形成过程,土壤肥力可分为自然肥力和人工肥力两类。此外,土壤具有一定的自净能力,可降低进入土壤中的有害物质的毒性或消除该毒性。但由于土壤的自净能力有限，当土壤中含有害物质过多，进入土壤中的有害物质超过土壤能承受的容量和自净能力时，土壤的动态平衡就会受到破坏：导致土壤的组成、结构和功能发生变化，土壤微生物活动受到抑制，有害物质或其分解产物在土壤中逐渐积累，通过"土壤→植物→人体"，或通过"土壤→水→人体"间接被人体吸收，对人体健康或生态系统造成危害，造成土壤污染。

二、土壤污染

人为活动产生的污染物进入土壤并积累到一定程度，引起土壤质量恶化，并进而造成某些指标超过国家标准的现象，称为土壤污染。

土壤污染主要来源于工业和城市的废水及固体废物、大气中污染物通过沉降和降水落到地面的沉降物以及农药、化肥、牲畜的排泄物等。

污染土壤的主要污染物包括：无机污染物，如重金属、酸、盐；有机农药，如杀虫剂、除锈剂；有机废弃物，如生物可降解或难降解的有机废物；化肥、污泥、矿渣和粉煤灰、放射性物质、寄生虫和病原菌等。

土壤污染具有累积性、不可逆转性、隐蔽性和滞后性。受到污染的土壤，本身的物理、化学性质将发生改变，如上壤被毒化、土壤板结、肥力降低等，还可以通过雨水淋溶，污染物从土壤传入地下水或地表水，造成水质的污染和恶化。受污染土壤上生长的生物，吸收、积累和富集土壤污染物后，通过食物链进入人体，对人体健康造成危害。

（一）土壤污染源

通过各种途径进入土壤环境中的物质种类十分繁多，有的是有益的，有的是有害的；有的在量少时是有益的，而在量多时是有害的；有的既无益，也无害。土壤环境中会影响土壤环境正常功能，降低作物产量或生物学质量，危害人体健康的物质，统称为土壤污染物。

根据污染的途径，土壤污染可分为自然污染和人为污染两类。在自然界中，某些矿床会成为一些元素和化合物的富集中心，在其周围往往会形成自然扩散晕，使附近土壤中某些元素的含量超过一般土壤中的含量，这样的污染称为自然污染。由工业废水和城市生活废水等的排放，人类活动产生的污染物进入土壤中造成的污染称为人为污染。人为污染按污染物的来源可分为工业污染源、固体废物污染源、农业污染源和生物污染源四类。

1. 工业污染源

工业污染源主要是指工业生产中产生的废水、废气和废渣（即"三废"）的排放，使污染物直接或间接进入土壤中造成污染。一般，工业"三废"引起的土壤污染仅限于工业区周围一定范围内，这种污染具有排污点集中、污染范围呈局部性等特征。工业"三废"引起的大面积土壤污染往往是间接的，是污染物长期在土壤中积累造成。例如，将污泥等作为肥料施入农田或由于大气、水体污染所引起的土壤环境二次污染等。污水灌溉是污水资源化利用的重要途径之一，污水中的氮、磷、钾等元素是植物生长所必需的养分，但污水灌溉会给土壤和地下水造成污染隐患，一旦造成污染，污染物会通过食物链进入人体，危害人类的健康。另外，工业生产过程产生的废气中所含的有害物质也会以降尘的形式进入土壤，造成土壤污染。

2. 固体废物污染源

工业生产产生的废渣、生活垃圾、污泥等固体废物的处理和堆积的场所就是土壤，经过雨水的冲淋和浸泡，大量有机和无机污染物进入土壤中，这也是造成土壤污染的重要来源。

3. 农业污染源

农业污染源主要指由于农业生产过程中施入土壤的化学农药、化肥和有机肥以及残留于土壤中的农用地膜等。农业污染一般属于面污染源。面污染源是相对于点污染源而言，指污染物以广域的、分散的、微量的形式进入土壤或地表、地下水体。农业生产中使用的农药、化肥会导致污染物质进入土壤中富集并长期存在，是农业面源污染的主要污染源，也是土壤污染的重要污染源。

4. 生物污染源

一些含病原微生物的生活废水、垃圾、医用废水也是土壤污染源之一。

（二）土壤中的主要污染物

土壤污染物按其成分可分为有机污染物和无机污染物两类。近半个世纪以来，我国土壤的质量一直在持续不断地下降，土壤污染日益加剧。据相关部门统计，我国被重金属污染的土地已超过耕地总面积的1/5，每年仅因为重金属污染造成的直接经济损失就超过300亿美元。我国土壤污染的发展趋势总体是：第一，从轻度污染向重度污染过渡；第二，从单一污染向复合污染过渡；第三，从局部污染向区域污染过渡。

1. 土壤污染物特性

土壤污染物的特性与污染物的种类、形态、浓度、化学性质及其所在的环境等因素有密切的关系，各类污染物在土壤中存在的形态可通过各种物理化学作用不断发生变化。在特定环境中，污染物的存在形态还取决于环境的地球化学条件，如酸碱度、氧化还原状况、环境中胶体物质的种类和数量、环境中有机质的种类和数量等。土壤的污染直接影响人类的各种主要食物来源，与人类的生活和健康密切相关。因此，研究土壤污染的发生，污染物在土壤中的迁移、转化、降解、残留以及土壤污染物的控制和消除，对保护人类环境来说具有十分重要的意义。

2. 土壤污染的特点

（1）隐蔽性和滞后性

土壤污染具有隐蔽性和滞后性。大气污染、水污染和固体废弃物污染等问题一般都比较直观，通过感官就能发现。而土壤污染则不同，土壤污染是进入到土壤中的污染物在土壤中经过长期积累产生的，它往往要通过对土壤样品进行分析化验和农作物的残留检测，甚至通过研究对人畜健康状况的影响才能确定，其后果需要人和动物长期食用在被污染的土壤中生长的植物才能反映出来。所以，从土壤受到污染到污染后果的出现，需要经过不易被发现的一段很长的隐蔽过程，出现问题通常会滞后较长的时间。例如，日本的"痛痛病"经过了 10 ～ 20 年之后才被人们所认识。

（2）累积性和地域性

污染物在土壤环境中并不像在水体和大气中那样容易扩散和稀释，因此容易不断积累而达到很高的浓度，从而使土壤污染具有很强的地域性特点。

（3）难恢复性和持久性

土壤被污染后，其自身的净化过程需要相当长的时间，尤其是重金属的污染，几乎是一个不可逆的过程。被某些重金属污染后的土壤可能需要 100 ～ 200 年的时间才能够逐渐恢复。许多农药对土壤的污染也具有持久性，一些农用杀虫剂虽然目前已禁止使用，但其污染物会在土壤中残留几十年，会在很长一段时间内继续影响土壤的质量。

（4）判定的复杂性

由于地球表面的每一个特定区域都有其特有的地球化学性质，而且土壤中污染物的含量与植物生长之间的关系十分复杂，因此，到目前为止，国内外都没有制定出关于土壤中有害物质的最高容许浓度的统一标准。

三、土壤污染物的测定

污染物在土壤中的迁移、转化规律比其在大气、水体中的转化与迁移要复杂得多。因此，土壤样品的采集和预处理与大气和水体样品的采集和预处理方法有很大的区别，但对污染物的分析测定方法则基本相同。土壤污染监测项目按其性质主要分为以下几类：

物理指标：土壤质地、土壤水分、孔隙度等。

化学指标：重金属化合物（如铜、铅、锌、汞铬等），非金属化合物（如氰化物、硫化物、氟化物等），有机化合物（如农药、三氯乙醛、除草剂、酚类化合物、石油类化合物、DDT、六六六等）。

生物指标：土壤动物（如蚯蚓数量）、微生物种群、土壤酶等。

我国 2018 年 8 月 1 日起实施的《土壤环境质量农用地土壤污染风险管控标准（试行）》和《土壤环境质量建设用地土壤污染风险管控标准（试行）》可以为开展农用地分类管理和建设用地准入管理提供技术支撑，对于贯彻落实《土壤污染防治行动计划》，保障农产品质量和人居环境安全具有重要意义。

《土壤环境质量农用地土壤污染风险管控标准（试行）》以保护食用农产品质量安全为主要目标，兼顾保护农作物生长和土壤生态的需要，分别制定农用地土壤污染风险筛选值和管制值，以及监测、实施和监督要求，适用于耕地土壤污染风险筛查和分类。标准中规定的农用地土壤污染风险筛选值的基本项目为必测项目，其他项目为选测项目。必测项目包括镉、汞、砷、铅、铬、铜、镍、锌八项，选测项目包括六六六、滴滴涕和苯并 [a] 芘三项。农用地土壤污染风险管制值项目包括镉、汞、砷、铅、铬五项。

《土壤环境质量建设用地土壤污染风险管控标准《试行）》（以下简称《标准》）以人体健康为保护目标。规定了保护人体健康的建设用地土壤污染风险筛选值和管制值，适用于建设用地的土壤污染风险筛查和风险管制。《标准》主要根据保护对象暴露情况的不同，将城市建设用地分为第一类用地和第二类用地。

第一类用地，儿童和成人均存在长期暴露风险，主要是居住用地。考虑到社会敏感性，将公共管理与公共服务用地中的中小学用地、医疗卫生用地和社会福利设施用地、公园绿地中的社区公园或儿童公园用地也列入第一类用地。

第二类用地主要是成人存在长期暴露风险。主要是工业用地、物流仓储用地等。建设用地规划用途为第一类用地的，适用第一类用地的筛选值和管制值；规划用途为第二类用地的，适用第二类用地的筛选值和管制值。《规划》用途不明确的，适用于第一类用地的筛选值和管制值。标准将污染物清单区分为基本项目（必测项目）和其他项目（选测项目）。

第四节　物理性污染与生物污染监测

一、物理性污染监测

（一）放射污染监测

1.放射污染概述

（1）放射性的来源

其一，来源。放射性是一种不稳定的原子核（放射性物质）自发的衰变现象，通常该过程伴随发出能导致电离的辐射（如 α、β、γ 等放射性）。天然存在的放射性核素具有自发地放射出射线的特征，称为天然放射性；而通过核反应，有人工制造的放射性核素的放射性，称为人工放射性。

①天然放射性源

宇宙射线（从宇宙空间向地面辐射的射线）地球表面的放射性物质；空气中存在的放射性物质；地表水中含有的放射性物质；人体内的放射性。

②人工放射源

a.核爆炸。核爆炸形成高温火球，使其中的裂变碎片及卷进火球的尘埃等变成蒸气，在火球膨胀和上升过程中与大气混合，热辐射损失，温度降低，于是便凝结成微粒或者附着在其他尘粒上而形成放射性气溶胶。b.核工业废物。原子能反应堆、原子能电站、核动力舰艇、放射性矿开采等核工业运行过程中排放的各种含有放射性的"三废"产物，一旦泄漏将造成严重的污染事故。例如 2011 年，日本福岛核泄漏事件。c.其他工农业、医学、科研等部门的排放废物。

（2）放射性污染的危害

对于人类影响最大的是人工放射性污染源，能使蛋白质及核糖核酸或脱氧核糖核酸分子链断裂等而造成组织破坏，从而使人体产生脱发，皮肤起红斑，白细胞、红细胞和血小板减少，引起白内障、短寿，影响生殖机能，形成癌症，导致死亡，还有遗传效应，使下一代畸形、精神异常、抵抗力减弱等。

通常，每人每年从环境中受到的放射性辐射总剂量不超过 2mSv。其中，天然放射性本底辐射占 50% 以上，其余是人为放射性污染引起的辐射。

（二）放射性监测

1. 放射性监测实验室

由于放射性监测的对象是放射性物质，为保证操作人员的安全，防止污染环境，对实验室有特殊的设计要求，并需要制定严格的操作规程。

放射性测量实验室分为两个部分。

（1）放射化学实验室

放射性样品的处理一般应在放射化学实验室内进行。为得到准确的监测结果和考虑操作安全问题，该实验室内应符合以下要求：

墙壁、门窗、天花板等要涂刷耐酸油漆，电灯和电线应装在墙壁内；

有良好的通风设施，大多数处理样品操作应在通风橱内进行，通风马达应装在管道外；

地面及各种家具面要用光平材料制作，操作台面上应铺塑料布；

洗涤池最好不要有尖角，放水用足踏式龙头，下水管道尽量少用弯头和接头等，此外，实验室工作人员应养成整洁、小心的优良工作习惯，工作时穿戴防护服、手套、口罩，佩戴个人剂量监测仪等；

操作放射性物质时用夹子、镊子、盘子、铅玻璃瓶等器具，工作完毕后立即清洗所用器具并放在固定地点，还须洗手和淋浴；

实验室必须经常打扫和整理，配置有专用放射性废物桶和废液缸。对放射源要有严格管理制度，实验室工作人员要定期进行体格检查。

上述要求的宽严程度也随实际操作放射性水平的高低而异。对操作具有微量放射性的环境类样品的实验室，上列各项措施中有些可以省略或修改。

（2）放射性计测实验室

放射性计测实验室装备有灵敏度高、选择性和稳定性好的放射性计量仪器和装置。设计实验室时，特别要考虑放射性本底问题。实验室内放射性本底来源于宇宙射线、地面和建筑材料甚至测量用屏蔽材料中所含的微量放射性物质，以及邻近放射化学实验室的放射性玷污等。对于消除或降低本底的影响，常采用两种措施：一是根据其来源采取相应措施，使之降到最低程度；二是通过数据处理，对测量结果进行修正。此外，对实验室供电电压和频率要求十分稳定，各种电子仪器应有良好接地线和进行有效的电磁屏蔽，室内最好保持恒温。

2. 放射性监测仪器

放射性测量仪器检测放射性的基本原理基于射线与物质间相互作用所产生的各种效应，包括电离、发光、热效应、化学效应和能产生次级粒子的核反应等。最常用的检测器

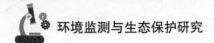

有三类，即电离型检测器、闪烁检测器和半导体检测器。

（1）电离型检测器

电离型检测器是利用射线通过气体介质时，使气体发生电离的原理制成的探测器。应用气体电离原理的检测器有电流电离室、正比计数管和盖革计数管（GM 管）三种。

①电流电离室

这种检测器是用来研究由带电粒子所引起的总电离效应，也就是测量辐射强度及其随时间的变化。由于这种检测器对任何电离都有响应，所以不能用于鉴别射线的类型。

电流电离室是测量由于电离作用而产生的电离电流，适用于测量强放射性。

②正比计数管

正比计数管普遍用于 α 粒子和 β 粒子计数，其优点是工作性能稳定，本底响应低。由于给出的脉冲幅度正比于初级致电离粒子在管中所消耗的能量，所以还可用于能谱测定，但要求的条件是初级粒子必须将它的全部能量损耗在计数管的气体之中。

这类检测器大多用于低能 γ 射线能谱测量和鉴定放射性核素用的 α 射线能谱测量。

③盖革（GM）计数管

盖革（GM）计数管是一个密闭的充气容器，中间的金属丝作为阳极，用金属筒或涂有金属物质的管内壁做阴极。管内充以 1/5 大气压的氢气或氖气等惰性气体和少量有机气体（乙醇、二乙醚）。当射线进入计数管内，引起惰性气体电离形成的电流使原来加有的电压产生瞬时电压降，向电子线路输出，即形成脉冲信号。在一定的电压范围内，放射性越强，单位时间内的脉冲信号越多，从而达到测量的目的。

盖革（GM）计数管是目前应用最广泛的放射性检测器，它普遍地用于监测 β 射线和 γ 射线强度。这种计数管对进入灵敏区域的粒子有效计数率接近 100%，对不同射线都给出大小相同的脉冲，因此，不能用于区别不同的射线。

（2）闪烁检测器

它是利用射线与物质作用发生闪光的仪器。当射线照在闪烁体上时发射出荧光光子，并且利用光导和反光材料等将大部分光子收集在光电倍增的光阴极上，光子在灵敏阴极上打出光电子，经倍增放大后，在阳极上产生电压脉冲，此脉冲再经电子线路放大和处理后记录下来。由于脉冲信号的大小与放射性的能量成正比，利用此关系可进行定量。

闪烁检测器可用于测量带电粒子 α、β，不带电粒子 γ、中子射线等，同时也可用于测量射线强度及能谱等。

（3）半导体检测器

虽然半导体检测器的工作原理与电离型检测器相似，但其检测元件是固态半导体。当放射性粒子射入后，半导体在辐射作用下产生电子—空穴对，电子和空穴受外加电场的作用，分别向两极运动，并被电极所收集，从而产生脉冲电流，再经放大后，由多道分析器或计数器记录。

由于产生电子—空穴对能量较低，所以半导体检测器以其具有能量分辨率高且线性范围宽等优点，被广泛地应用于放射性探测中。如用于 α 粒子计数及 α、β 能谱测定的硅半导体探测器，用于 γ 能谱测定的锗半导体探测器等。

放射性检测仪器种类多，须根据监测目的、试样形态、射线类型、强度及能量等因素进行选择。

（二）噪声污染监测

噪声污染和水污染、空气污染、固废污染等都是当代的主要环境污染。但是噪声污染与其他污染不同，它是物理性污染。一般情况下它并不致命，并且与声源同时产生，同时消失，噪声源分布很广，集中处理比较困难。在人类生产生活的各个领域都有噪声的存在，并且能够直接被我们感觉到，噪声所造成的干扰不会像物质污染那样只有在产生后果后才被发现，所以噪声通常是受到抱怨和控告最多的环境污染。

1. 噪声监测概述

声音的本质是波动。受作用的空气发生振动，当振动频率在 20～20 000 Hz 时，作用于人耳的鼓膜而产生的感觉称为声音。人类生活在一个有声音的环境中，通过声音进行交谈、表达思想感情以及进一步活动。但是有些声音却给人类的生活生产带来危害。例如，工地震耳欲聋的机器声，疾驰而过的汽车声，等等。一切无规律的或随机的不被人们生活和工作所需要的声音都可成为噪声。噪声的判断还与人们的主观感觉和心理因素有关，即一切不希望存在的干扰声都叫噪声。人们认为噪声大多数由人类活动所产生，但也不能排除自然现象产生的声音，只要超过了人们生活、生产和社会活动所允许的程度的声音都称为噪声，在某些时候和某些情绪条件下，即使是音乐也有可能是噪声，例如，现在争议比较大的广场舞，其播放的音乐在某种程度上也影响了人们的生活。噪声的主要特征：一是噪声是感觉公害，二是噪声具有局限性和分散性。

环境噪声的来源有四种：一是交通噪声，包括汽车、火车和飞机等所产生的噪声；二是工厂噪声，如织布机、冲床、汽轮机、发动机等所产生的噪声；三是建筑施工噪声，如打桩机、挖掘机、搅拌机等发出的声音；四是社会生活噪声，如高音喇叭、收录机、报警器等发出的过强的声音。噪声的主要危害是损伤听力，干扰人们的休息和工作，干扰语言交流，诱发疾病，甚至危害人体健康，强噪声还会影响设备正常运转和损坏建筑结构。

2. 监测参数及分析

（1）噪声参数

其一，声功率（W）。声功率是指单位时间内，声波通过垂直于传播方向某指定面积的声能量。在噪声监测中，声功率是指声源总声功率。单位为 W。

其二，声强（I）。声强是指单位时间内，声波通过垂直于传播方向单位面积的声能量。单位为 W/ 米 ^{2}。

其三，声压（P）。声压是由于声波的存在而引起的压力增值。

其四，分贝。人们日常生活中遇到的声音，若以声压值表示，由于变化范围非常大，可以达六个数量级以上，同时由于人体听觉对声信号强弱刺激反应不是线形的而是成对数比例关系。所以采用分贝来表达声学量值。

（2）噪声叠加和相减

其一，噪声叠加。两个以上独立声源作用于某一点，产生噪声的叠加。声能量可以代数相加，设两个声源的声功率分别为 W_1 和 W_2，那么总声功率 W 总 =W_1+W_2，而两个声源在某点的声强为 I_1 和 I_2 时，叠加后的总声强 I 总 =I_1 + I_2。

也就是说，作用于某一点的两个声源声压级相等，其合成的总声压级比一个声源的声压级增加 3 dB。当声压级不相等时，按上式计算比较麻烦。

其二，噪声的相减。噪声测量时，常常会遇到背景噪声问题，扣除背景噪声，就是噪声相减的问题。为了避免因背景噪声的存在而使测量读数增高，应减去背景噪声。

（3）响度与响度级

声音的强弱叫作响度。响度是感觉判断声音强弱，即声音响亮的程度，根据它可以把声音排成由轻到响的序列。响度的大小主要依赖于声强，也与声音的振幅有关。响度的单位是"宋"（sone），定义 1 千赫（kHz）纯音声压级为 40 dB 时的响度为 1 sone。

如果把某个频率的纯音与一定响度的 1 kHz 纯音很快地交替比较，当听者感觉两者为一样响时，把该频率的声强标在图上，便可画出一条等响曲线。把 1 kHz 纯音时声强的分贝数称为这条等响曲线的以"方"为单位的响度级。

人耳对声音的感觉，不仅和声压有关，还和频率有关。声压级相同，频率不同的声音，听起来响亮程度也不同。如空压机与电锯，同是 100 dB 声压级的噪声，听起来电锯声要响得多。按人耳对声音的感觉特性，依据声压和频率定出人对声音的主观音响感觉量，称为响度级，单位为方。

以频率为 1000 Hz 的纯音作为基准音，其他频率的声音听起来与基准音一样响，该声音的响度级就等于基准音的声压级。例如，某噪声的频率为 100 Hz，强度为 50 dB，其响度与频率为 1000 Hz，强度为 20 dB 的声音响度相同，则该噪声的响度级为 20 方。人耳对于高频噪声是 1000 ~ 5000 Hz 的声音敏感，对低频声音不敏感。例如，同是 40 方的响度级，对 1000 Hz 声音来说，声压级是 40dB；4000 Hz 的声音，声压级是 37 dB；100 Hz 的声音，声压级 52 dB；30 Hz 的声音，声压级是 78 dB。也就是说，低频的 80 dB 的声音，听起来和高频的 37 dB 的声音感觉是一样的。但是声压级在 80 dB 以上时，各个频率的声压级与响度级的数值就比较接近了，这表明当声压级较高时，人耳对各个频率的声音的感觉基本是一样的。

（4）计权声级

为了能用仪器直接反映人的主观响度感觉的评价量，有关人员在噪声测量仪器——声级计中设计了一种特殊滤波器，叫计权网络。通过计权网络测得的声压级，已不再是客观物理量的声压级，而叫计权声压级或计权声级，简称声级，有 A、B、C 和 D 计权声级。

A 计权声级是模拟人耳对 55 dB 以下低强度噪声的频率特征；B 计权声级是模拟 55 dB 到 85 dB 的中等强度噪声的频率特征；C 计权声级是模拟高强度噪声的频率特征；D 计权声级是对噪声参量的模拟，专用于飞机噪声的测量。

（5）等效连续声级

实际噪声很少是稳定地保持固定声级的，而是随时间有忽高忽低的起伏。对于这种非稳态的噪声如何来评价呢？常用的方法是采用声能按时间平均的方法，求得某一段时间内随时间起伏变化的各个 A 声级的平均能量，并用一个在相同时间内声能与之相等的连续稳定的 A 声级来表示该段时间内噪声的大小。称这一连续稳定的 A 声级为该不稳定噪声的等效连续声级，记为 Leq，这相当于在这段时间内，一直有 Leq 这么大的 A 声级在作用，也称为等效连续 A 声级，或简称为等效 A 声级或等效声级。

现在的自动化测量仪器，例如积分式声级计，可以直接测量出一段时间内的 L 值。一般的测量方法是在一段足够长的时间内等间隔地取样读取 A 声级，再求它的平均值。要注意将 A 声级换算到 A 计权声压的平方求平均。

（6）噪声污染级

涨落的噪声引起人的烦恼程度比等能量的稳态噪声要大，并且与噪声暴露的变化率和平均强度有关。对于非稳态噪声，在 Leq 上加一项表示噪声变化幅度的量，即噪声污染级，用符号"LNP"表示。它更能反映实际污染程度，例如航空或者道路的交通噪声。

昼夜时间可以依照地区和季节不同而做相应变更。因为夜间噪声对人的烦扰更大，所以在计算夜间等效声级时应加上 10 dB 的计权。

3. 噪声标准

噪声对人的影响与声源的物理特性、暴露时间和个人体质差异等因素有关。所以噪声标准的制定是在大量的实验基础上进行统计分析的，主要考虑因素是听力保护，噪声对人体健康的影响，人们对噪声的主观烦恼程度和目前的经济、技术条件等方面。对不同的场所和时间分别加以限制。同时考虑了标准的科学性、先进性和现实性。

我国现行的噪声标准主要分为噪声环境质量标准和噪声污染排放标准两大类。噪声环境质量标准主要有《声环境质量标准》（GB3096 — 2008）、《机场周围飞机噪声环境标准》（GB9660 — 1988）。噪声污染排放标准主要有《工业企业厂界环境噪声排放标准》（GB12348 — 2008）、《社会生活环境噪声排放标准》（GB22337 — 2008）、《建筑施工厂界环境噪声限值》（GB12523 — 2011）等。

较强的噪声对人的生理与心理会产生不良影响。在日常工作和生活环境中，噪声主要造成听力损失，干扰谈话、思考、休息和睡眠。根据国际标准化组织（ISO）的调查，在噪声级 85 dB 和 90 dB 的环境中工作 30 年，耳聋的可能性分别为 8% 和 18%。在噪声级 70 dB 的环境中，谈话就感到困难。对工厂周围居民的调查结果认为，干扰睡眠、休息的噪声级阈值，白天为 50 dB，夜间为 45 dB。美国环境保护局（EPA）于 1975 年提出了保护健康和安宁的噪声标准。中国也提出了环境噪声容许范围，夜间（22 时至次日 6 时）噪声不得超过 30 dB，白天（6 时至 22 时）不得超过 40 dB。

在测定噪声污染分布情况后可在城市地图上用不同颜色或阴影表示噪声带，每个噪声带代表一个噪声等级，每级相差 5 dB。

4. 噪声监测

（1）噪声测量仪器

其一，声级计。声级计主要由传声器、放大器、衰减器、计权网络、电表电路及电源等部分组成。

声级计的工作原理是声压由传声膜片接受后，将声压信号转换成电压信号，由于表头指示范围一般只有 20 dB，而声音范围变化可高达 140 dB，甚至更高，所以，此信号经前置放大器做阻抗变换后要送入输入衰减器，经输入衰减器衰减后的信号再由输入放大器进行定量放大，放大后的信号由计权网络进行计权。计权网络是模拟人耳对不同频率有不同灵敏度的听觉响应，在计权网络处可外接滤波器进行频谱分析。经计权后的信号由输出衰减器减到额定值，随即送到输出放大器放大，使信号达到相应的功率输出，输出信号经检波后送出有效电压，推动电表显示所测的声压级数值。

①传声器。常用的传声器有电容传声器、电感传声器和动圈传声器。其中以电容传声

器最好，应用广泛。电容传声器具有频率响应平直、动态范围大、灵敏度高、固有噪声低、受电磁场和外界振动影响小的特点。电容传感器灵敏度的表示方法有三种：自由场灵敏度，是指传声器输出端的开路电压和传声器放入电场前该点自由声场声压的比值；声压灵敏度，是指传声器输出端的开路电压和与作用在传声器膜片上声压的比值；扩散场灵敏度，是指传声器置于扩散场中输出端的开路电压与传声器未放入前该扩散声场的声压之比。但是电容传感器在较大湿度下，两极板间容易放电并产生噪声，严重时甚至无法使用。另外，电容传声器需要前置放大器和极化电压，结构复杂，成本高；膜片易破损。所以，电容传声器需要妥善保管，使用时需要特别小心。

②放大器和衰减器。传声器把声压转化为电压，电压一般都很微弱，放大器把微弱的电信号放大，以满足指示器的需要。一般对声级计中放大器的要求如下：增益足够大而且稳定；频率响应特性平直；有足够的动态范围；固有噪声小，耗电小。由于声级计不仅要测量微弱的信号，还要测量较强的噪声，所以声级计必须设置衰减器。衰减器的作用是使放大器处于正常工作状态，将过强的信号衰减到合适强度再传入放大器，从而扩大声级计的量程。

③计权网络。在噪声测量中，为了使声音客观物理量和人耳听觉的主观感觉近似取得一致，声级计中设有 A、B、C 计权网络，并且已经标准化。它们分别为了模拟 40 phon、70 phon 和 100 phon 等响曲线。有的还有 D 频率计权特性，它是为了测量飞机噪声而设置的。计权网络是一种特殊滤波器，当含有各种频率的声波通过时它对不同频率成分的衰减是不一样的。A、B、C 计权网络的主要区别是在于对低频率成分衰减程度，A 衰减最多，B 其次，C 最少。

④电表、电路和电源。电表电路用来将放大器输出的交流信号整流成直流信号，以便在表头上得到适当的指数。信号的大小有峰值、平均值和有效值三种表示方法，用得最多的是有效值。声级计表头阻尼有"快""慢"两种，"快"挡和"慢"挡分别要求信号输入 0.2 s 和 0.5 s 后，表头能达到它的最大读数。对于脉冲精密声级计表头，除"快""慢"两挡外，还有"脉冲"和"脉冲保持"挡，"脉冲"和"脉冲保持"表示信号输入 35 ms 后，表头上指针达到最大读数并保持一段时间。可以测量短至 20 μs 的脉冲信号，如枪、炮和爆炸声等。为了保证测量的精确度，声级计在使用前必须进行校准。包括内部参考信号的校准和话筒校准，除此之外，还应避免人体反射对读数的影响，以及及时检查电源，更换电池，长期储存还要注意防潮。同时，为了保证声级计测量较高的灵敏度和精确度，一般情况下，声级计还会装有防风罩、鼻锥、延伸电缆等附属配件。

⑤种类。声级计按其用途可分为一般声级计、车辆声级计、脉冲声级计、积分声级计

和噪声剂量计等。按其精度可分为四种类型；O 型声级计，是实验用的标准声级计；Ⅰ 型声级计，相当于精密声级计；Ⅱ 型声级计和 Y 型声级计（作为一般用途的普通声级计）。按其体积大小可分便携式声级计和袖珍式声级计。国产声级计有 ND-2 型精密声级计和 PSJ-2 普通声级计。国际标准化组织（ISO）及国际电工委员会（IEC）规定普通声级计的频率范围是 20 ～ 8000 Hz，精密声级计的频率范围为 20 ～ 12 500 Hz。

其二，声级频谱分析仪。频谱仪是测量噪声频率的仪器，它的基本组成大致与声级计相似。但在频谱仪中，设置了完整的计权网络（滤波器）。借助于滤波器的作用，可以将声频范围内的频率分成不同的频带进行测量。

其三，记录仪。记录仪是将测量的噪声声频信号随时间变化记录下来；从而对环境噪声做出准确评价，记录仪能将交变的声谱电信号做对数转换，整流后将噪声的峰值，均方根值（有效值）和平均值表示出来。

其四，录音机。在现场噪声测量中如果没有频谱仪和记录仪，可以用录音机将噪声消耗记录下来，以便在实验室用适当的仪器对噪声消耗进行分析。选用的录音机必须具有较好的性能，它要求披露范围宽，一般为 20 ～ 15 000 Hz，失真小，小于 3%，信噪比大，35 dB 以上。此外还必须具有较好的频率响应和较宽的动态范围。

其五，实时分析仪。在声级计的基础上配以自动信号存储、处理系统和打印系统，便成为噪声级分析仪。噪声级分析仪的工作原理是噪声信号经传声器转换为交变的电压信号，经放大、计权、检波后，利用微机和单板机存储并处理，处理后的结果由数字显示，测量结束后，由打印机打出计算结果，微机和单板机还将控制仪器的取样间隔、取样时间和量程进行切换。一般噪声级分析仪均可测量声压级、A 计权声级、累计百分声级 L_N、等效声级 $L_{\cdot}$、标准偏差、概率分布和累积分布。更进一步可测量 L_a、L_N、$L_{\cdot}$、声暴露级 LAET、车流量、脉冲噪声等，外接滤波器可做频谱分析。噪声分析仪与声级计相比，显著优点一是完成取样和数据处理的自动化；二是高密度取样，提高了测量精度。

5. 噪声监测流程

（1）布点

将校园划分为 50 m × 50 m 的网络，测量点选择在每个网络的中心，若中心点的位置不易测量，如房顶、污沟、禁区等，可移到旁边能够测量的位置。测量的网络数目不应少于 100 个格。

（2）测量

测量时应选在无雨、无雪天气，白天时间一般选在上午 8:00—12:00，下午 2:00 — 6:00。

夜间时间一般选在 22:00—5:00。根据南北方地区的不同、季节的不同，时间可稍有变化。声级计可手持或安装在三脚架上，传声器离地面高度为 1.2m，手持声级计时，应使人体与传声器相距 0.5 m 以上。选用 A 计权，调试好后置于"慢"挡，每隔 5 s 读取一个瞬时 A 声级数值，每个测点连续读取 100 个数据（当噪声涨落较大时，应读取 200 个数据）作为该点的白天或夜间噪声分布情况。在规定时间内每个测点测量 10 min，白天和夜间分别测量，测量的同时要判断测点附近的主要噪声源（如交通噪声、工厂噪声、施工噪声、居民噪声或其他噪声源等），并记录下周围的声学环境。

（3）数据处理

由于环境噪声是随时间而起伏变化的非稳态噪声，因此测量结果一般用统计噪声级或等效连续 A 声级进行处理，即测定数据按有关公式计算出 L10、L50、L90、Leq 和标准偏差 s 数值，确定校园区域环境噪声污染情况。

（4）评价方法

数据平均法。将全部网络中心测点测得的连续等效 A 声级做算术平均运算，所得到的算术平均值就代表某一区域或全市的总噪声水平。

图示法。区域环境噪声的测量结果，除了用上面有关的数据表示外，还可用城市噪声污染图表示。为了便于绘图，将全市各测点的测量结果以 5 dB 为一等级，划分为若干等级，然后用不同的颜色或阴影线表示每一等级，绘制在城市区域的网格上，用于表示城市区域的噪声污染分布。

二、生物污染监测

生物与其生存环境之间存在着相互影响、相互制约、相互依存的密切关系，其中，生物需要不断直接或间接地从环境中吸取营养，进行新陈代谢，维持自身生命。当空气、水体、土壤等环境要素受到污染后，生物在吸收营养的同时，也吸收了污染物质，并在体内迁移、积累，从而遭受污染。受到污染的生物，在生态、生理和生化指标、污染物在体内的行为等方面会发生变化，出现不同的症状或反应，利用这些变化来反映和度量环境污染程度的方法称为生物监测法。

通过生物污染监测可以测定生物体内的有害物质，及时掌握被污染的程度，以便采取措施，改善生物生存环境，保证生物食品的安全。生物监测结果能够反映污染因素对人和生物的危害及对环境影响的综合效应。生物监测方法是理化监测方法的重要补充，二者相结合即构成了综合环境监测手段。

（一）生物污染基本形式

1.表面吸附

表面吸附，又称表面附着，是指污染物附着在生物体表面的现象。附着在作物表面的污染物可因蒸发、风吹或随雨流失而与作物表面分离。例如当施用农药或大气中的粉尘落下时，一些农药或粉尘以物理方式黏附在植物表面，黏附量与作物的表面积和表面性质以及污染物的性质和状态有关。表面积大、表面粗糙、绒毛附着的作物多于表面积小、表面光滑的作物；作物对高黏度污染物和乳状液的附着程度高于对低黏度污染物和粉末的附着程度。脂溶性或内部吸收的导电农药可渗透到作物表面的蜡质层或组织中，并在植物汁中被吸收、运输和分布。这些农药在外界条件和体内酶的作用下逐渐降解和消失，但稳定农药的分解和消失速度较慢，往往会有一定的残留，直到农作物收获。结果表明，农药残留量的减少通常与施用后的间隔呈指数关系。

2.生物吸收

大气、水和土壤中的污染物可通过生物体各器官的主动和被动吸收进入生物体。主动吸收，即代谢吸收，是指细胞利用生物体独特代谢产生的能量进行吸收。细胞可以利用这种吸收将浓度差异相反的外部物质引入细胞。例如，水生动植物吸收水中的污染物。并成百倍、千倍甚至数万倍地浓缩就是靠这种代谢吸收。被动吸收即物理吸收，这是一种依靠外液与原生质的浓度差，通过溶质的扩散作用而实现的吸收过程，不需要供应能量。此时，溶质的分子或离子借分子扩散运动由浓度高的外液通过生物膜流向浓度低的原生质；直至浓度达到均一为止。以下三种情况中，前两种属于直接从环境中摄取，后一种则需要通过食物链进行摄取。环境中的各种物质进入生物体后，立即参加到新陈代谢的各项活动中。

（1）植物吸收

大气中的气体污染物或粉尘污染物，可以通过植物叶面的气孔吸收，经细胞间隙抵达导管，而后运转至其他部位。例如，气态氟化物，主要通过植物叶面上的气孔进入叶肉组织，首先溶解在细胞壁的水分中，一部分被叶肉细胞吸收，大部分则沿纤维管束组织运输，在叶尖和叶缘中积累，使叶尖和叶缘组织坏死。植物通过根系从土壤或水体中吸收污染物，其吸收量与污染物的含量、土壤类型及作物品种等因素有关。污染物含量高，作物吸收得就多；作物在沙质土壤中的吸收率比在其他土质中的吸收率要高；作物对丙体六六六（林丹）的吸收率比其他农药高；块根类作物比茎叶类作物吸收率高；水生作物的吸收率比陆生作物高。

（2）动物吸收

环境中的污染物质，可以通过呼吸道、消化道和皮肤吸收等途径进入动物肌体。空气中的气态毒物或悬浮颗粒物质，经呼吸道进入人体。从鼻、咽、腔至肺泡整个呼吸道部分，由于结构不同，对污染物的吸收情况也不同，越入深部，面积越大，停留时间越长，吸入量越大。肺部具有丰富的毛细血管网，吸入毒物速度极快，仅次于静脉注射。毒物能否随空气进入肺泡，与其颗粒大小及水溶性有关。直径不超过 $3\mu m$ 的颗粒物质能到达肺泡，而直径大于 $10\mu m$ 的颗粒物质大部分被黏附在呼吸道、气管和支气管黏膜上。水溶性较大的污染物，如氯气、二氧化硫等，被上呼吸道黏膜所溶解而刺激上呼吸道，极少进入肺泡。水溶性较小的气态物质，如二氧化氮等，则绝大部分能到达肺泡。

水和土壤中的污染物质主要通过饮用水和食物摄入，经消化道被吸收。由呼吸道吸入并沉积在呼吸道表面上的有害物质，也可以咽到消化道，再被吸收进入肌体。整个呼吸道都有吸收作用，但以小肠较为重要。皮肤是保护肌体的有效屏障，但具有脂溶性的物质，如四乙基铅、有机汞化合物、有机锡化合物等，可以通过皮肤吸收后进入动物肌体。

（3）生物浓缩

生物浓缩又称生物富集，是指生物体通过对环境中某些元素或难以分解的化合物的积累，使这些物质在生物体内的浓度超过环境中浓度的现象。生物体吸收环境中物质的情况有三种：

其一，藻类植物、原生动物和多种微生物等，它们主要靠体表直接吸收；

其二，高等植物，它们主要靠根系吸收；

其三，大多数动物，它们主要靠吞食进行吸收。

上述三种的一部分生命必需的物质参加到生物体的组成中，多余的以及非生命必需的物质则很快地分解掉并且排出体外，只有少数不容易分解的物质（如 DDT）长期残留在生物体内。生物浓缩的研究，在阐明物质在生态系统内的迁移和转化规律、评价和预测污染物进入生物体后可能造成的危害，以及利用生物体对环境进行监测和净化等方面，具有重要的意义。

（二）生物污染监测基本流程

进行生物污染监测和对其他环境样品监测大同小异。首先也要根据监测目的和监测对象的特点，在调查研究的基础上。制订监测方案，确定布点和采样方法、采样时间和频率，采集具有代表性的样品，选择适宜的样品制备、处理和分析测定方法。生物样品种类繁多，下面介绍动植物样品的采集、制备和预处理方法。

1. 植物样品的采集和制备

（1）采集

其一，样品的代表性、典型性和适时性。采集的植物样品要具有代表性、典型性和适时性。代表性系指采集代表一定范围污染情况的植株为样品。这就要求对污染源的分布、污染类型、植物的特征、地形地貌、灌溉出入口等因素进行综合考虑，选择合适的地段作为采样区，再在采样区内划分若干小区，采用适宜的方法布点。确定代表性的植株。不要采集田埂、地边及距田埂地边 2 m 以内的植株。典型性系指所采集的植株部位要能充分反映通过监测所要了解的情况。根据要求分别采集植株的不同部位，如根、茎、叶、果实，不能将各部位样品随意混合。适时性系指在植物不同生长发育阶段，施药、施肥前后，适时采样监测，以掌握不同时期的污染状况和对植物生长的影响。

其二，布点方法。在划分好的采样小区内，常采用梅花形布点法或交叉间隔布点法确定代表性的植株。

其三，采样方法。在每个采样小区内的采样点上分别采集 5～10 处植株的根、茎、叶、果实等，将同部位样混合，组成一个混合样；也可以整株采集后带回实验室再按部位分开处理。采集样品量要能满足需要，一般经制备后，至少有 20～50g 干重样品。新鲜样品可按含 80%～90% 的水分计算所需样品量。若采集根系部位样品，应尽量保持根部的完整。对一般旱作物，在抖掉附在根上的泥土时，注意不要损失根毛；如采集水稻根系，在抖掉附着泥土后，应立即用清水洗净。根系样品带回实验室后，及时用清水洗（不能浸泡），再用纱布拭干。如果采集果树样品，要注意树龄、株型、生长势、载果数量和果实着生的部位及方向。如要进行新鲜样品分析，则在采集后用清洁、潮湿的纱布包住或装入塑料袋，以免水分蒸发而萎缩。对水生植物，如浮萍、藻类等，应采集全株。从污染严重的河、塘中捞取的样品，须用清水洗净，挑去水草等杂物。采好的样品装入布袋或聚乙烯塑料袋，贴好标签，注明编号、采样地点。植物名称分析项目，并填写采样登记表。

样品带回实验室后，如测定新鲜样品，应立即处理和分析。当天不能分析完的样品，暂时放于冰箱中保存，其保存时间的长短，视污染物的性质及在生物体内的转化特点和分析测定要求而定。如果测定干样品，则将鲜样放在干燥通风处晾干或于鼓风干燥箱中烘干。

（2）制备

从现场带回来的植物样品称为原始样品。要根据分析项目的要求。按植物特性用不同方法进行选取。例如，果实、块根、块茎、瓜类样品，洗净后切成四块或八块，据需要量各取每块的 1/8 或 1/16 混合成平均样。粮食、种子等经充分混匀后，平摊于清洁的玻璃板或木板上，用多点取样或四分法多次选取，得到缩分后的平均样。最后，对各个平均样品加工处理，制成分析样品。

鲜样的制备。测定植物内容易挥发、转化或降解的污染物质，如酚、氰、亚硝酸盐等，测定营养成分如维生素、氨基酸、糖、植物碱等，以及多汁的瓜、果、蔬菜样品，应使用新鲜样品。鲜样的制备方法如下：

a. 将样品用清水、去离子水洗净，晾干或拭干。

b. 将晾干的鲜样切碎、混匀，称取 100g 于电动高速组织捣碎机的捣碎杯中，加适量蒸馏水或去离子水，开动捣碎机捣碎 1 ~ 2min，制成匀浆。对含水量大的样品，如熟透的西红柿等，捣碎时可以不加水；对含水量少的样品，可以多加水。

c. 对于含纤维多或较硬的样品，如禾本科植物的根、茎秆、叶子等，可用不锈钢刀或剪刀切（剪）成小片或小块，混匀后在研钵中加石英砂研磨。

干样的制备。分析植物中稳定的污染物，如某些金属元素和非金属元素、有机农药等，一般用风干样品，这种样品的制备方法如下：

a. 将洗净的植物鲜样尽快放在干燥通风处风干（茎秆样品可以劈开）。如果遇到阴雨天或潮湿气候，可放在 40 ~ 60 ℃鼓风干燥箱中烘干，以免发霉腐烂，并减少化学和生物变化。

b. 将风干或烘干的样品去除灰尘、杂物，用剪刀剪碎（或先剪碎再烘干），再用磨碎机磨碎。谷类作物的种子样品如稻谷等，应先脱壳再粉碎。

c. 将粉碎好的样品过筛。一般要求通过 1 mm 筛孔即可，有的分析项目要求通过 0.25 mm 的筛孔。制备好的样品贮存于磨口玻璃广口瓶或聚乙烯广口瓶中备用。

d. 对于测定某些金属含量的样品，应注意避免受金属器械和筛子等污染。因此，最好用玛瑙研钵磨碎。尼龙筛过筛，聚乙烯瓶保存。

（3）分析结果的表示

植物样品中污染物质的分析结果常以干重为基础表示（mg/kg，干重），以便比较各样品某一成分含量的高低。因此，还需要测定样品的含水量，对分析结果进行换算。含水量常用重量法测定，即称取一定量新鲜样品或风干样品，于 100 ~ 105 ℃烘干至恒重，由其失重计算含水量。对含水量高的蔬菜、水果等，以鲜重表示计算结果为好。

2. 动物样品的采集和制备

根据污染物在动物体内的分布规律，常选择性地采集动物的尿、血液、唾液、胃液、乳液，粪便、毛发、指甲、骨骼或脏器等作为样品进行污染物分析测定。

（1）尿液

绝大多数毒物及其代谢产物主要由肾脏经膀胱、尿道随尿液排出。尿液收集方便，因此，尿检在医学临床检验中应用较广泛。尿液中的排泄物一般早晨浓度较高，可一次收集，也可以收集 8 h 或 24 h 的尿样，测定结果为收集时间内尿液中污染物的平均含量。采集尿液的器具要先用稀硝酸浸泡洗净，再依次用自来水、蒸馏水清洗，烘干备用。

（2）血液

一般用注射器抽取 10 mL 血样冷藏备用。常用于分析血液中所含金属毒物及非金属毒物，如铅、汞、氟化物、酚等。

（3）毛发和指甲

蓄积在毛发和指甲中的污染物质残留时间较长，即使已脱离与污染物接触或停止摄入污染食物，血液和尿液中污染物含量已下降，而在毛发和指甲中仍容易检出。头发中的汞、砷等含量较高，样品容易采集和保存，故在医学和环境分析中应用较广泛。人发样品一般采集 2 ~ 5g，男性采集枕部发，女性原则上采集短发。采样后，用中性洗涤剂洗涤，去离子水冲洗，最后用乙醚或丙酮洗净，室温下充分晾干后保存备用。

（4）组织和脏器

对调查研究环境污染物在肌体内的分布、蓄积、毒性和环境毒理学等方面的研究都具有十分重要的意义。常根据研究的需要，取肝、肾、心、肺、脑等部位组织作为检验样品，通常利用组织捣碎机捣碎、混匀，制成浆状鲜样备用。

（5）水产食品

水产品如鱼、虾、贝类等是人们常吃的食物，也是水污染物进入人体的途径之一。样品从监测区域内水产品产地或最初集中地采集。一般采集产量高、分布范围广的水产品，所采品种尽可能齐全，以便较客观地反映水产食品的被污染水平。从对人体的直接影响考虑，一般只取水产品的可食部分进行检测。

a.贝类或甲壳类，先用水冲洗去除泥沙，沥干，再剥去外壳，取可食部分制成混合样，并捣碎、混匀，制成浆状鲜样备用。对于海藻类如海带，选取数条洗净，沿中央筋剪开，各取其半，剪碎、混匀制成混合样，按四分法缩分至 100 ~ 200 g 备用。

b.鱼类，先按种类和大小分类，取其代表性的尾数（如大鱼 3 ~ 5 条，小鱼 10 ~ 30 条）；洗净后沥去水分，去除鱼鳞、鳍、内脏、皮、骨等，分别取每条鱼的厚肉制成混合样，切碎、混匀，或用组织捣碎机捣碎成糊状，立即进行分析或贮存于样品瓶中，置于冰箱内备用。对于虾类，将原样品用水洗净，剥去虾头、甲壳、肠腺。分别取虾肉捣碎制成混合样；对于毛虾，先拣出原样中的杂草、砂石、小鱼等异物，晾至表面水分尽失，取整虾捣碎制成混合样。

3. 生物样品的预处理

非溶液状态的生物样品不便对其进行监测分析，且由于生物样品中含有大量有机物，这些有机物的大量存在对样品中污染物的监测分析产生严重干扰。因此，测定前必须对生物样品进行处理，将监测分析对象从生物样品中分离出来，或将生物样品中的有机物破坏分解，使监测分析对象成为简单的无机化合物或单质。常用的预处理方法有湿法消解法，灰化法，提取、分离和浓缩法等。

（1）灰化和消解

测定生物样品中的微量金属和非金属元素时，通常都要将其大量有机物基体分解，使欲测组分转变成简单的无机化合物或单质（如汞），然后进行测定。分解有机物的方法有湿法消解和干法灰化。这两种方法的基本内容在第二章已介绍，此处仅结合生物样品的分解略述之。

其一，灰化法。灰化法分解生物样品不使用或少使用化学试剂，并可处理较大称量的样品，故有利于提高测定微量元素的准确度。但是，因为灰化温度一般为 450 ~ 550℃，不宜处理测定易挥发组分的样品。此外，灰化所用时间也较长。根据样品种类和待测组分的性质不同，选用不同材料的坩埚和灰化温度。常用的有石英、铂、银、镍、铁、瓷、聚四氟乙烯等材质的坩埚。

灰化生物样品一般不添加其他试剂，但为了促进分解并抑制某些元素的挥发损失，通常添加适量的辅助灰化剂，如硝酸和硝酸盐，可以加速样品的氧化，疏松灰分，促进空气循环；添加硫酸和硫酸盐可以减少氯化物的挥发损失；添加碱金属或碱土金属氧化物、氢氧化物或碳酸盐、醋酸盐可防止氟、氯、砷等的挥发损失；添加镁盐可以防止某些待测组分与坩埚材料之间发生化学反应，抑制磷酸盐形成玻璃状熔体以包裹非灰化样品颗粒等。然而，当碳酸盐用作辅助灰化剂时，会导致汞和铊的全部损失，硒、砷和碘的大量损失，以及氟化物的少量损失，氯化物和溴化物。

样品完全灰化后，用稀硝酸或盐酸溶解分析测定。如果酸液不能完全溶解，应将残渣煮沸，用稀盐酸过滤，然后用碱熔法将残渣灰化；残留物也可以用氢氟酸处理，蒸发至干燥，然后用稀酸溶解以进行测定。

随着低温灰化技术的发展，使测定生物样品中易挥发元素，如砷、汞、硒、氟等取得很好的效果。高频电场激发氧灰化技术是用高频电场激发氧气产生激发态氧原子处理样品，一般在 150 ℃以下就可使样品完全灰化。氧瓶燃烧法也是一种简易低温灰化方法。该方法将样品包在无灰滤纸中，滤纸包钩挂在绕结于磨口瓶塞的铂丝上，瓶内放入适当吸收液（如测氟用 0.1 mol/LNaOH 溶液；测汞用硫酸—高锰酸钾溶液等），并预先充入氧气。将滤纸点燃后，迅速插入瓶内，盖严瓶塞，使样品燃烧灰化。待燃烧尽，摇动瓶内溶液，使燃烧产物溶解于吸收液，吸收液供测定。

氧弹法可用于灰化测定汞、硫、砷、氟、硒、硼、氘和碳等组分的生物样品。将样品研成粉末并压成片，放入样品杯，装在有铂内衬的氧弹内（50 ~ 300mL，内有吸收液），旋紧盖，充入纯氧气，用电火花引发样品燃烧，燃烧产物被吸收液吸收后供测定。

其二，湿法消解。湿法消解生物样品常用的消解试剂体系有硝酸—高氯酸、硝酸—硫酸、硫酸—过氧化氢、硫酸—高锰酸钾、硝酸—硫酸—五氧化二钒等。对于含大量有机物的生物样品，特别是脂肪和纤维素含量高的样品，如肉、脂肪、面粉、稻米、秸秆等，加热消解时易产生大量泡沫，容易造成被测组分的损失。若先加硝酸，在常温下放置 24 h 后再消解，可大大减少泡沫的产生。在某些情况下，可以加入防起泡剂。

硝酸—硫酸消化法可分解各种有机化合物，但吡啶及其衍生物（如烟碱）和毒杀芬未完全分解。样品中的卤素在消解过程中会完全损失，汞、砷、硒等都会有一定程度的损失。硝酸—高氯酸消解生物样品是破坏有机物的有效方法，但应严格遵守操作规程，防止爆炸。硝酸—过氧化氢消化法也被广泛使用。有些人用这种方法消化生物样品来测定氮、磷、钾、硼、砷、氟等元素。

高锰酸钾是一种强氧化剂，在中性、碱性和酸性条件下都可以分解有机物。测定生物样品中汞时，用 1:1 硫酸和硝酸混合液加高锰酸钾，于 60 ℃保温分解鱼、肉样品；用 5% 高锰酸钾的硝酸溶液于 85 ℃回流消解食品和尿液；用硫酸加过量高锰酸钾分解尿样等，都可获得满意的效果。测定动物组织、饲料中的汞，使用加五氧化二钒的硝酸和硫酸混合液催化氧化，温度可达 190 ℃，能破坏甲基汞，使汞全部转化为无机汞。

生物样品中氮的测定，沿用凯氏消解法，即在样品中加浓硫酸消解，使有机氮转化为铵盐。为提高消解温度，加速消解过程，可在消解液中加入硫酸铜、硒粉或硫酸汞等催化剂。加硫酸钾对提高消解温度也可起到较好的效果。以 –NH$_2$ 及 =NH 形态存在的有机氮化合物，用硫酸、硝酸加催化剂消解的效果是好的，但杂环、N–N 键及硝态氮和亚硝态氮不能定量转化为铵盐，可加入还原剂如葡萄糖、苯甲酸、水杨酸、硫代硫酸钠等，使消解过程中发生一系列复杂氧化还原反应，则能将硝态氮还原为氨。用过硫酸盐（强氧化剂）和银盐（催化剂）分解尿液等样品中的有机物可获得较好的效果。

近年来，加压溶解法已被用于分解有机样品和难降解无机样品。该方法将生物样品置于不锈钢外壳包裹的聚四氟乙烯坩埚内，加入混合酸或氢氟酸，在 140 ~ 160 ℃下放置 2 ~ 6

h，可将有机物分解成澄清的样品溶液。随着聚四氟乙烯加工技术的进步，其外部无钢壳保护，已得到推广应用。

（2）提取、分离和浓缩

在测定生物样品中的农药、石油烃、酚等有机污染物时，需要用溶剂将欲测组分从样品中提取出来，提取效率的高低直接影响测定结果的准确度。如果存在杂质干扰和待测组分浓度低于分析方法的最低检测浓度问题，还要进行净化和浓缩。随着现代分析技术的发展，环境样品中污染物的分析已从单一分析发展到多污染物的连续分析。因此，在提取、净化和浓缩污染物时，应考虑对多种污染物进行连续分析的需要。

其一，提取方法。提取生物样品中有机污染物的方法应根据样品的特点，待测组分的性质、存在形态和数量，以及分析方法等因素选择。常用的提取方法有振荡浸取法、组织捣碎提取法、脂肪提取器提取法和直接球磨提取法。

①振荡浸取法。蔬菜、水果、粮食等样品都可使用这种方法。将切碎的生物样品置于容器中，加入适当的溶剂，放在振荡器上振荡浸取一定时间，滤出溶剂后，用新溶剂洗涤样品滤残或再浸取一次，合并浸取液，供分析或进行分离、富集用。

②组织捣碎提取。取定量切碎的生物样品，放入组织捣碎杯中加入适当的提取剂，快速捣碎 3 ~ 5 min，过滤，滤渣重复提取一次，合并滤液备用。该方法提取效果较好，应用较多，特别是从动植物组织中提取有机污染物质比较方便。

③脂肪提取器提取。索格斯列特（Soxhlet）式脂肪提取器，简称索氏提取器或脂肪提取器，常用于提取生物、土壤样品中的农药、石油类、苯并［a］芘等有机污染物质。其提取方法是：将制备好的生物样品放入滤纸筒中或用滤纸包紧，置于提取筒内；在蒸馏烧瓶中加入适当的溶剂，连接好回流装置，并在水浴上加热，则溶剂蒸汽经侧管进入冷凝器，凝集的溶剂滴入提取筒，对样品进行浸泡提取。当提取筒内溶剂液面超过虹吸管的顶部时，就自动流回蒸馏瓶内，如此重复进行。因为样品总是与纯溶剂接触，所以提取效率高，且溶剂用量小，提取液中被提取物的浓度大，有利于下一步分析测定。但该方法费时，常用作研究其他提取方法的对照比较方法。

④直接球磨提取法。该方法用己烷做提取剂，直接将样品在球磨机中粉碎和提取，可用于提取小麦、大麦、燕麦等粮食中的有机氯及有机磷农药。由于不用极性溶剂提取，可以避免以后费时的洗涤和液—液萃取操作，是一种快速提取方法。提取用的仪器是一个 50 mL 的不锈钢管，钢管内放两个小钢球，放入 1 ~ 59 样品，加 2 ~ 89 无水硫酸钠，20 mL 己烷，将钢管盖紧，放在 350 r/min 的摇转机上，粉碎提取 30 min 即可，回收率和重现性都比较好。选择提取剂应考虑样品中欲测有机污染物的性质和存在形式。因为生物样品

中有机污染物一般含量都很低，故要求用高纯度的溶剂。例如，测定农药残留量，一般要求所用溶剂中杂质含量在 10 ~ 99 以下。普通溶剂应进行纯化处理。

此外，提取剂还应根据"相似相溶"原理选择。如对于极性小的有机氯农药、多氯联苯等，用极性小的己烷、石油醚等提取；而对于极性较强的有机磷农药和强极性的含氧除草剂等，原则上要选用强极性溶剂提取，如二氯甲烷、三氯甲烷、丙酮等。

一般认为提取剂的沸点在 45 ~ 80 ℃为宜。沸点太低，容易挥发；沸点太高，不易浓缩富集，而且在浓缩时会使易挥发或热稳定性差的污染物损失。

其他，如溶剂的毒性、价格以及对监测器是否有干扰等也是应考虑的因素。为提高提取效果，可选用单一溶剂，也可用混合溶剂。常用的提取剂有正己烷、石油醚、乙腈、丙酮、苯、二氯甲烷、三氯甲烷、二甲基甲酰胺等。常用的混合溶剂体系有正己烷（或石油醚）—丙酮、乙腈—水、正己烷（或石油醚）—乙醚、正己烷（或石油醚）—异丙醇、正己烷（或石油醚）—二氯甲烷、甲醇—三氯甲烷、正己烷（或石油醚）—乙腈、正己烷（或石油醚）—甲醇、三氯甲烷—乙酸乙酯等。对于含多种复杂组分样品的系统分析，还可用多种溶剂分别进行多次提取。

其二，分离方法。分离用提取剂从生物样品中提取欲测组分的同时，不可避免地会将其他相关组分提取出来。例如，用石油醚等提取有机氯农药时，也将脂肪、蜡质、色素等一起提取出来。因此，在测定之前，还必须将上述杂质分离出去。常用的分离方法有层析法、液—液萃取法、磺化法、低温冷冻法、吹蒸法、液上空间法等。

①层析法。层析法分为柱层析法、薄层析法、纸层析法等。其中，柱层析法在处理生物样品中用得较多。这种方法的原理是将生物样品的提取液通过装有吸附剂的层析柱，则提取物被吸附在吸附剂上，但由于不同物质与吸附剂之间的吸附力大小不同，当用适当的溶剂淋洗时，则按照一定的顺序被淋洗出来，吸附力小的组分先流出，吸附力大的组分后流出，使它们彼此得以分离。吸附剂分为无机吸附剂和有机吸附剂。常用的无机吸附剂有硅酸镁、氧化铝、活性炭、硅藻土等；有机吸附剂有纤维素、高分子微球、网状树脂等。用经活化的硅酸镁制备的层析柱是分离农药常用的净化柱。

②液—液萃取法。液—液萃取法是依据有机物组分在不同溶剂中分配系数的差异来实现分离的。例如，农药与脂肪、蜡质、色素等一起被提取后；加入一种极性溶剂（如乙腈）振摇，由于农药的极性比脂肪、蜡质、色素要大一些，故可被乙腈萃取。经几次萃取，农药几乎完全可以与脂肪等杂质分离，达到净化的目的。

③磺化法和皂化法。磺化法是利用提取液中的脂肪、蜡质等干扰物质能与浓硫酸发生磺化反应，生成极性很强的磺酸基化合物，随硫酸层分离，而达到与提取液中农药分离的

目的。然后，经洗去残留的硫酸、脱水，得到纯化的提取液。该方法常用于有机氯农药的净化，对于易被酸分解或与之起反应的有机磷、氨基甲酸酯类农药，则不适用。

皂化法是利用油脂等能与强碱发生皂化反应，生成脂肪酸盐而将其分离的方法。例如，用石油醚提取粮食中的石油烃，同时也将油脂提取出来，如在提取液中加入氢氧化钾—乙醇溶液，油脂与之反应生成脂肪酸钾盐进入水相，而石油烃仍留在石油醚中。

④吹蒸法和液上空间法。吹蒸法又称气提法，即用气体将溶解在溶液中的挥发性物质分离出来，适用于一些易挥发农药和挥发油的分离。该方法的操作过程是用乙酸乙酯提取生物样品中的农药，取相当于 29 样品的提取液 lmL，分四次注入 Storherr 管，该管内填充玻璃棉、沙子等，一般加热到 180 ~ 250 ℃，并以 600 mL/min 流速吹入氮气。每次进样后吹 3 min，最后再用 250 ptL 乙酸乙酯吹洗一次。经这样处理后，提取液中的脂肪、蜡质、色素等高沸点杂质仍留在 Storherr 管中，农药则被氮气流携带，经聚四氟乙烯冷螺旋管收集于玻璃管中，达到分离的目的。方法快速、简便，净化一个样品约需 20 min。液上空间法是根据气液平衡分配的原理与气相色谱相结合，用于生物样品中挥发性组分的分离和测定技术。将样品提取液移入密闭容器中，稍提高容器的温度，经平衡一定时间后，抽取提取液上空的气体注入色谱仪分析。如果改用吹气和疏水性吸附剂富集，再经洗脱后进行色谱分析，则检测限还可降低，但必须选择合适的吸附剂、吸附和解吸条件及气提速度。

⑤低温冷冻法。该方法是基于不同物质在同一溶剂中的溶解度，随温度不同而变化的原理进行彼此分离的。例如，将用丙酮提取生物样品中农药的提取液置于 –70 ℃的冰—丙酮冷阱中，则由于脂肪和蜡质的溶解度大大降低而沉淀析出，农药仍留在丙酮中。经过滤除去沉淀，获得经净化的提取液。这种方法的最大优点是有机化合物在净化过程中不发生变化，并且有良好的分离效果。

（3）浓缩

生物样品的提取液经过分离净化后，其中的污染物浓度往往仍达不到分析方法的要求，这就需要进行浓缩。常用的浓缩方法有；蒸馏或减压蒸馏法、K—D 浓缩器浓缩法、蒸发法等。其中，K—D 浓缩器法是浓缩有机污染物的常用方法。

K—D 浓缩器是一种高效浓缩仪器。早期的仪器在常压下浓缩，近些年加上了毛细管，可进行减压浓缩，提高了浓缩速度。生物样品中的农药、苯并［a］芘等极毒、致癌性有机污染物含量都很低，其提取液经净化分离后，都可以用这种方法浓缩。为防止待测物损失或分解，加热 K—D 浓缩器的水浴温度一般控制在 50 ℃以下，最高不超过 80 ℃。特别要注意不能把提取液蒸干。若须进一步浓缩，须用微温蒸发。如用改进后的微型 Snyder 柱再浓缩，可将提取液浓缩至 0.1 ~ 0.2 mL。

第三章　环境自动监测、遥测遥感与质量保证

要达到控制污染、保护环境的目的，必须掌握环境质量变化，进行定点、定时的人工采样与监测，月复一月、年复一年地积累各类监测数据，然后通过综合分析找出污染现状和变化规律。完成这项工作需要花费大量的人力、物力和财力。本章主要围绕环境监测的技术与质量保证进行分析。

第一节　环境自动监测系统设计

一、空气污染连续自动监测系统

（一）系统的组成及功能

空气污染连续自动监测系统由一个中心站、若干个子站和信息传输系统组成，如图3-1所示。

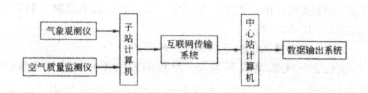

图 3-1 自动监测系统组成示意图

中心站配备有功能齐全、贮存容量大的计算机。其主要功能是：1.向各子站发送各种工作指令，管理子站的工作；2.定时收集各子站的监测数据，并进行数据处理和统计检验；3.打印各种报表，绘制污染分布图，为管理提供依据；4.贮存分析监测数据，建立数据库，以便随时检索或调用；5.当发现污染数据超标时，向污染源行政管理部门发出警报，以便采取相应的对策。为保证自动监测系统的连续运转，获得准确可靠的监测数据，中心站还设有质量保证机构，负责控制、监督、改进和保证整个系统的运行质量。

子站分为两类：一类是为评价区域环境质量状况设置的，装备有污染因子自动监测仪、气象参数测量仪、计算机系统；另一类是为掌握污染源排放情况而设置的，装备有烟气污染因子自动监测仪、烟气状态参数监测仪和微机系统。子站的主要功能是：1. 在环境微机的控制下，连续或间歇监测预定污染因子；2. 按一定时间间隔采集和处理监测数据，并将其打印和短期贮存；3. 通过信息传输系统接收中心站的工作指令，并按中心站的要求向其传送监测数据。

（二）子站布设及监测项目

子站的设置数目取决于监测目的、监测网覆盖区域面积、气象条件、地形地貌及利用情况、污染程度及特点、人口数量及分布、国家和地方的经济力量，其数目可用经验法或统计法、模式法、综合优化法确定。经验法是最常用的方法，包括人口数量法、功能区划分法、几何图形法等。由于子站内的监测仪器长期连续运转，因此，需要良好的工作环境，如房屋应安全，仪器固定要牢固，室内要配备控温、除湿、除尘设备，连续供电电压要稳定，交通、维护、维修方便等。

监测空气质量的子站监测项目分为两类：一类是温度、湿度、大气压、风速、风向及日照量等气象参数；另一类是二氧化硫、氮氧化物或二氧化氮、一氧化碳、可吸入颗粒物、臭氧、总碳氢化合物、甲烷烃、非甲烷烃等污染参数。我国《环境监测技术规范》中，将地面大气自动监测系统的监测点分为Ⅰ类测点和Ⅱ类测点。Ⅰ类测点数据按要求进国家环境数据库，Ⅱ类测点数据由各省、市管理。Ⅰ类测点测定温度、湿度、大气压、风速、风向五项气象参数和表3-1中的污染参数。类测点的测定项目可根据具体情况确定。

表3-1 Ⅰ类测点测定项目

必测项目	选测项目
二氧化硫 氮氧化物或二氧化氮 可吸入颗粒物	臭氧 总碳氢化合物

污染源监测子站主要监控固定源排放烟气中二氧化硫、氮氧化物、烟尘等污染物，烟气排放量和各污染因子排放总量。

采样系统可采用集中采样和单机分别采样两种方式。

校准系统包括校正污染监测仪器零点、量程的零气源和标准气源校正、流量计校准等。

（三）监测分析方法

目前我国空气连续自动监测系统所使用的监测方法见表3-2。

表 3-2 主要项目监测方法

项目	测定方法
二氧化硫	紫外荧光法
氮氧化物或二氧化氮	化学发光法
可吸入颗粒物	β 射线吸收法
一氧化碳	非色散红外吸收法
臭氧	紫外光度法
总烃	气相色谱法

二、水体污染连续自动监测系统

水环境中污染物种类繁多，成分复杂，从而导致基体干扰严重，通常都要进行化学前处理，而且污染物含量往往是痕量的，要求建立可行的提取、分离、富集和痕量分析方法。实施水质自动监测，可实时连续监测和远程监控，及时掌握主要流域、重点断面水体的水质状况，及时预测、预报重大或流域性水质污染事故，解决跨行政区域的水污染事故纠纷、监督总量控制制度落实情况，实现达标排放。

（一）水体污染连续自动监测系统的组成

水质连续自动监测系统，由一个监测中心站、若干个固定监测站（子站）和信息、数据传递系统组成。中心站通过数据传输系统实现对各子站的实时监视、远程控制及数据传输功能。每个子站是一个独立完整的水质自动监测系统，一般由六个主要子系统构成，包括采样系统，预处理系统，监测仪器系统，PLC（可编程序控制器）控制系统，数据采集、处理与传输系统，还配置有水文、气象参数测量仪器。目前，子站的构成方式大致有三种。

1. 由一台或多台小型的多参数水质自动分析仪组成的子站：由一台或多台小型的多参数水质自动分析仪组成的子站（多台组合可用于测量不同水深的水质）的特点是仪器可直接放于水中测量，系统构成灵活方便。

2. 固定式子站：为较传统的系统组成方式。其特点是监测项目的选择范围宽。

3. 流动式子站：将子站仪器设备全部装于一辆拖车（监测小屋）上，可根据需要迁移至场所进行监测。其特点是灵活机动，但成本较高。

一个可靠性很高的水质自动监测系统，必须同时具备四个要素，即高质量的系统设备、完备的系统设计、严格的施工管理、负责的运行管理。

（二）子站布设及监测项目

水体质量连续自动监测系统各子站的布设，首先要进行调查研究，收集水文、气象、地质和地貌、土地利用情况、污染源分布及污染现状、水体功能、重点水源保护区等基础资料，然后进行综合分析，确定各子站的位置，设置代表性的监测断面和取样点。在这些原则的指导下由环境保护部（中国环境监测总站）首先在七大水系、省界断面、国界河流或出入国境断面设置国家控制断面。以此类推由各省环境保护厅（省中心监测站）设置省控监测断面。个别市控断面和重点企业排污口也设置了自动监测站。

子站监测项目包括水文、气象参数，如水位、流速、潮汐、风向、风速、气温、湿度、日照量、降水量等；一般水质指标，如水温、pH、电导率、浊度、溶解氧等；综合指标，如化学需氧量、高锰酸盐指数、总需氧量、总有机碳、生化需氧量等。重点企业排污口设置的自动监测站会根据需要增加一些单项污染指标，如氟离子、氰离子、六价铬、苯酚等。目前，国家控制断面进行在线播报的主要监测指标是氨氮、高锰酸盐指数、总有机碳、溶解氧、pH 等。

水体污染连续自动监测系统目前存在的主要问题是监测项目有限，监测仪器长期运行的可靠性尚差，经常发生传感器玷污、采水器和水样流路堵塞等故障，从而导致管理成本较高。

第二节　环境遥测遥感监测技术

遥感监测就是用仪器对一段距离以外的目标物或现象进行观测，是一种不直接接触目标物或现象而能收集信息，对其进行识别、分析、判断的更高自动化程度的监测手段。它重要的作用是不需要采样而直接可以进行区域性的跟踪测量，快速进行污染源的定点定位和污染范围的核定（如海洋石油污染、水域热污染等）以及生态环境状况调查等。对环境污染进行遥感监测的主要方法有摄影、红外扫描、相关光谱和激光雷达探测。

一、摄影遥感技术

摄影机是一种遥感装置，将其安装在飞机、卫星上对目标物进行拍照摄影，可以对土地利用、植被、水体、大气污染状况等进行监测。其原理是因上述目标物或现象对电磁波的反射特性有差异，用感光胶片感光记录就会得到不同颜色或色调的照片。图 3-2 是电磁波受表层土壤（灰棕色）、植物（绿色）和水层反射的情况。

由图可见，水的反射能力是最弱的。当地表水挟带大量黏土颗粒进入河道后，由于天然水与颗粒物反射电磁波能力的差异，在摄影底片上未污染区与污染区之间呈现很强的黑白反差。当水中藻类繁生、叶绿素浓度增大时，就会导致蓝光反射减弱和绿光反射增强，这种情况会在照相底片上反映出来，据此可大致判定大面积水体中叶绿素浓度发生的变化。未污染的海水与被石油污染的海水对电磁波反射能力差异大，水面油膜厚薄不同，反射电磁波的能力也有差异，这在照相底片上会呈现不同的色调或明暗程度，据此可判定被石油污染的水域范围和对海面油膜进行半定量分析。

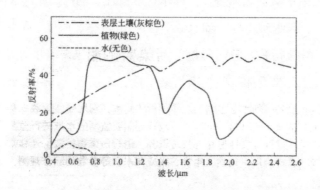

图 3-2 植被、土壤等对电磁波的反射情况

感光胶片乳胶所能感光的电磁波波长范围在 $0.3 \sim 0.9\,\mu m$，其中包括近紫外、可见和近红外光区，所以在无外来辐射的情况下，照相摄影技术一般可在白天借助天然光源进行。

航空、卫星摄影是在高空飞行状态下进行的。为获得清晰的图像，必须采用影响移动补偿技术，最简单的方法是在曝光时移动胶片，使胶片与影像同步移动。还可以将照相摄影装置设计成扫描系统，在系统中有一旋转镜面指向目标物并接受其射来的电磁辐射能，将接收到的能量送给光电倍增管产生相应的电脉冲，该信号再被调制成电子束，转换成可被摄影胶片感光的发光点，从而得到扫描所及区域的影像。

不同波长范围的感光胶片—滤光镜组成的多波段摄影系统，可用不同镜头感应不同波段的电磁波，同时对同空间的同一目标物进行拍摄，获得一组遥感相片，借以判定不同种类的污染物。例如，天然水和油膜在 $0.30 \sim 0.45\,\mu m$ 紫外光波段对电磁波反射能力差别很大，使用对此波段选择性感应的镜头摄得的照片油水界线明显，可判断油膜污染范围。漂浮在水中的绿藻和蓝绿藻在另一波段处也有类似情况，可选择另一相应波段的镜头摄影，借以判断两种藻类的生成区域。

二、红外扫描遥测技术

地球可被视为一个黑体，平均温度约 300 K，其表面所发射的电磁波波长在 $4 \sim 30\,\mu m$ 范围内、介于中红外（$1.5 \sim 5.5\ \mu m$）和远红外（$5.5 \sim 1000\ \mu m$）区域。这一波长范围的电磁波在由地球表面向外发射过程中，首先被低层大气中水蒸气、二氧化碳、氧等组分吸收，只剩下 4.0 ~ 5.5 μum 和 8 ~ 14 μm 的光可透过"大气窗"射向高层空间，所以遥测热红外电磁波范围就在这两个波段。因为地球连续地发射红外线，所以这类遥测系统可以日夜监测。

地球表面的各种受监测对象具有不同的温度，其辐射能量随之不同。温度愈高，辐射功率越强，辐射峰值的波长越短。红外扫描技术就是利用红外扫描仪接收监测对象的热辐射能，转换成电信号或其他形式的能量后，加以测量，获得它们的波长和强度，借以判断不同物质及其污染类型和污染程度，例如水体热污染、石油污染情况、森林火灾和病虫害、环境生态等。

普通黑白全色胶片和红外胶片对上述红外光区电磁波均不能感应，所以须用特殊感光材料制成的检测元件，如半导体光敏元件。当热红外扫描仪的旋转镜头对准受检目标物表面扫描时，镜面将传来的辐射能反射聚焦在光敏元件上，光敏元件随受照光量不同，引起阻值变化，从而导致传导电流的变化。让此电流流过具有恒定电阻的灯泡时，则灯泡发光明暗度随电流大小变化，变化的光度又使照相胶片产生不同程度的曝光，这样便可得到能反映被检目标物情况的影像。这种影像还可以通过阴极射线管的屏幕得以显示，或进一步由计算机处理后以直方图的图像形式输出。图 3-3 为热红外扫描系统工作过程示意图。

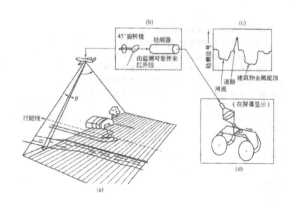

图 3-3 热红外扫描系统工作过程示意图

（a）扫描过程；（b）扫描器（示意）；（c）检测器输出（沿飞行路线）；（d）照相记录

三、相关光谱遥测技术

相关光谱技术是基于物质分子对光吸收的原理并辅以相关技术的遥测方法。在吸收光谱技术基础上配合相关技术是为了排除测定中非受检组分的干扰。这种技术采用的吸收光为紫外光和可见光，故可利用自然光做光源。在一些特殊场合，也可采用人工光源。其测定过程是：自然光源由上而下透过受检大气层后，使之相继进入望远镜和分光器，随后穿过由一排狭缝组成的与待测气体分子吸收光谱相匹配的相关器，则从相关器透射出的光之光谱图正好相应于受检气体分子的特征吸收光谱，加以测量后便可推知其含量。相关器是根据某一特定污染物质吸收光谱的某一吸收带（如 SO_2 选择 300 nm 左右）预先复制出的刻有一组狭缝的光谱型板，狭缝的宽度和间距与真实的吸收光谱波峰和波谷所在的波长模拟对应，这样可从这组狭缝射出受检物质分子的吸收光谱。因此，在相关技术中使用的是成对的吸收光，每对吸收光波长都是邻近的，且所选波长要使其通过受检对象时分别发生强吸收和弱吸收，这有利于提高检测灵敏度。

相关器装在一个可旋转的盘上，通过旋转将相关器两组件之一轮换地插入光路，分别测定透过光。将这种仪器安装在汽车或飞机上，即可大范围遥测大气污染及其分布情况。也可以装在烟囱里侧，在其对面安装一个人工光源，用以测定烟道气中的污染物。

相关光谱技术的实用对象目前还只限于一氧化氮、二氧化氮和二氧化硫，如对它们同时进行连续测定时，在系统中须装置三套相关器。监测这三种污染组分的实际工作波长范围是：SO_2 为 250 ~ 310nm、NO 为 195 ~ 230nm、NO_2 为 420 ~ 450nm。

四、激光雷达遥测技术

激光具有单色性好、方向性强和能量集中等优点，利用激光与物质作用产生的信息制作的传感器，灵敏度高、分辨率好、分析速度快，所以自 20 世纪 70 年代初以来，运用激光对空气污染和水体污染进行遥测的技术和仪器发展很快。

激光雷达遥测环境污染物质是通过测定激光与监测对象作用后发生散射、发射、吸收等现象来实现的。例如，激光射入低层空气后，将会与空气中的颗粒物作用，因颗粒物粒径大于或等于激光波长，故光波在这些质点上发生米氏散射。据此原理，将激光雷达装置的望远镜瞄准由烟囱口冒出的烟气，对发射后经米氏散射折返并聚焦到光电倍增管窗口的激光做强度检测，就可对烟气中的烟尘量做出实时性遥测。当射向空气的激光束与气态分子相遇时，则可能发生另外两种分子散射作用而产生折返信号，一种是散射光频率与入射光频率相同的雷利散射，这种散射占绝大部分；另一种是约占 1% 以下的散射光频率与入射光频率相差很小的拉曼散射。应用拉曼散射原理制作的激光雷达可用于遥测空气中的 SO_2、NO、CO、CO_2、H_2S 和 CH_4 等污染组分。因为不同组分都有各自特定的拉曼散射光谱，借此可进行定性分析；拉曼散射光的强度又与相应组分的浓度成正比，借此又可做定量分析。因为拉曼散射信号较弱，所以这种装置只适用于近距离（数百米范围内）或高浓度污染物的监测。发射系统将波长为 λ_0（相应频率为 F_0）的激光脉冲发射出去，当遇到各种污染组分时，则分别产生与这些气体组分相对应的拉曼频移散射信号（f_1、f_2、……f_n）。这些信号连同无频移的雷利和米氏散射信号（6%）一起返回发射点，经接收望远镜收集后，通过分光装置分出各种频率的返回光波，并用相应的光电检测器检测，再经电子及数据处理系统得到各种污染气体组分的定性和定量监测结果。

激光荧光技术是利用某些污染物分子受到激光照射时被激发而产生共振荧光，测量荧光的波长，可作为定性分析的依据；测量荧光的强度可作为定量分析的依据。如一种红外激光—荧光遥测仪可监测空气中的 NO、NO_2、CO、CO_2、SO_2、O_3 等污染组分。还有一种紫外荧光—激光遥测仪可监测空气中的 HO·自由基浓度，也可以监测水体中有机物污染和藻类大量繁殖情况等。

利用激光单色性好的特点，也可以用简单的光吸收法监测空气中污染物浓度。例如，曾用长光程吸收法测定了空气中 HO·自由基的浓度。将波长为 307.9951nm、光束宽度小于 0.002nm 的激光束射入空气，测其经过 10km 射程被 HO·自由基吸收衰减后的强度变化，便可推算出空气中 HO·自由基的浓度。还有一种差分吸收激光雷达监测仪，以其高灵敏度及可进行距离分辨测量等优点已成功地运用于遥测空气中 NO_2、SO_2、O_3 等分子态污染物的浓度。这种仪器使用了两个波长不同而又相近的激光光源，它们交替或同时沿着同一空气途径传输，被测污染物分子对其中一束光产生强烈吸收，而对波长相近的另一束光基本没有吸收。同时，气体分子和气溶胶颗粒物对这两束光具有基本相同的散射能力（因光受颗粒物散射的截面大小主要由光的波长决定），因此两束激光被散射返回光的强度差仅由被测物质分子对它们具有不同的吸收能力决定，根据这两束反射光的强度差就能确定被测污染物在空气中的浓度；分析这两束光强随时间变化而导致的检测信号变化，就可以进行被测物质分子浓度随距离变化的分辨测定。

第三节　突发性环境污染应急监测技术

一、突发性污染事故的管理

随着经济的高速发展，我国生态环境问题逐渐显现，特别是随着工业化进程以及城镇化和新农村建设的加速推进，国家面临的生态环境压力不断增大。近年来，在全国范围内，突发性环境污染事件虽已得到控制但仍屡有发生。2005 年 11 月 13 日，中石油吉林石化公司双苯厂发生爆炸事故，引发重大水环境污染事件，给生态环境安全和经济发展带来重大影响，也给我国的突发性环境污染应急工作敲响了警钟。从全球范围来看，受 2011 年 3 月 11 日东日本大地震及随后海啸的影响，日本福岛第一核电站发生核泄漏事故。这一被定为最高级 7 级的核事故给日本造成了重大损失，同时引起了全世界的广泛关注，让我们再一次意识到有效地应对突发性环境污染事件的重要性。

在瞬时或较短时间内大量非正常排放或泄漏的环境污染物质，造成生命财产巨大损失或生态环境严重危害的恶性环境污染事故称为突发性环境污染事故。突发性环境污染事故不同于一般的环境污染事故，它没有固定的排放方式和排放途径，发生突然、难以控制，对经济、社会、人群健康和生态环境破坏性极大。突发性环境污染事故引发的环境安全问题已经引起全世界的广泛关注。

自 20 世纪 70 年代以来，世界上许多国家及国际组织针对突发性环境污染事故的防范和处理，建立了相应的管理机构，制定了相关的法规和标准，实施了防范、控制的方针和政策。1986 年联合国环境委员会（UNEP）提出了一系列的措施，旨在帮助各国政府特别是发展中国家政府降低化学污染事故的发生率。1988 年联合国环境规划署提出了阿佩尔（APELL）计划，该计划的中心思想是：各国应提高各级政府、企事业单位领导及群众团体对突发性事故的警觉与认识。只要平时提高警惕，加强管理和防范，许多恶性环境污染事故是完全可以避免的。即使发生了突发性污染事故，只要掌握污染事故应急处理措施、紧急救援的知识与技能，就能对其做出及时有效的处理和处置，降低污染事故的危害程度。这项计划一经提出立即得到了世界许多国家的普遍重视和积极响应。2010 年，我国环保部制定并发布了《突发环境事件应急监测规范》（HJ589 − 2010），旨在防止环境污染，改善环境质量，规范突发环境事件应急监测。该标准规定了突发环境事件应急监测的布点与采样、监测项目与相应的现场监测和实验室监测分析方法、监测数据的处理与上报、监测的质量保证等的技术要求。但仅适用于因生产、经营、储存、运输、使用和处置危险化学品或危险废物以及意外因素或不可抗拒的自然灾害等原因而引发的突发环境事件的应急监测，包括地表水、地下水、大气和土壤环境等的应急监测，不适用于核污染事件，海洋污染事件，涉及军事设施污染事件，生物、微生物污染事件等的应急监测。

总体来讲，我国对于突发性污染事故的管理工作尚处于起步阶段。因此，如何加强对突发性环境污染事故预防，完善应急反应措施，提高事故应急监测和处理处置能力，规范事后管理工作，采取各种对策防止突发性环境污染事故的发生，仍然是当前环境保护领域面临的课题。

二、突发性环境污染事故产生的原因

随着人类社会和经济的发展，地球环境的污染与破坏日益严重。社会经济生产活动中突发性环境污染事故时有发生。随着现代科学技术的不断发展，越来越多的新的化学合成物质被研制出来，并大量生产，广泛应用于各个领域。能导致突发性环境污染事故发生的物质种类和数量正在逐年增加，给生态环境带来极大的安全隐患。突发性环境污染事故产生的原因主要有以下几种：

（一）自然灾害

地震、台风、暴雨、泥石流等自然灾害造成的工厂损毁、仓库倒塌、船只沉没等事故，如果造成危险化学品的流出，将引发恶性环境污染事故。

（二）生产事故

在石油、化工、煤炭、冶金、医药和核工业等行业生产过程中，如果发生生产事故将导致有毒化学品、放射性物质等的泄漏甚至是燃烧、爆炸事故，都有可能造成环境污染事故。

（三）贮运事故

有毒有害物质在贮存过程中发生贮罐腐蚀、破损或仓库火灾、爆炸等事故；危险品在转移和运输过程中发生沉船、翻车、输送管道泄漏、爆炸或燃烧等事故都有可能造成环境污染事故。

（四）人类战争

在人类战争中，如果破坏了工厂、仓库、油田等生产设施，或者使用了化学武器、核武器和生化武器等，将会造成极其严重的环境污染。

三、突发性环境污染事故分类

突发性环境污染事故根据其发生原因、主要污染物性质和事故的表现形式等，可分为以下几类：

（一）废水非正常排放污染事故

废水非正常排放污染事故指在企业生产过程中因操作不当或生产事故而使得大量高浓度废水突然排入地表或地下水水体，造成水质突然恶化。

（二）有毒有害物质污染事故

有毒有害物质污染事故指因有毒有害物质在生产、贮存转移、运输、排放或使用过程中出现泄漏或非正常排放而导致严重环境污染。

（三）爆炸污染事故

爆炸污染事故指易燃、易爆物质的存放、使用或处置不当引起爆炸、火灾等事故而导致环境污染。

（四）放射性污染事故

放射性污染事故指在生产、使用、贮存、运输放射性物质的过程中，由于操作不当而造成环境放射性污染。

（五）油污染事故

油污染事故是指在原油、燃料油以及各种油制品的生产、贮存、运输、使用或排放过程中，由于操作不当或意外而造成的环境污染。

（六）农药污染事故

农药污染事故指剧毒农药在生产、贮存、运输和使用过程中，因意外或使用不当而造成的恶性环境污染。

四、突发性环境污染事故的特征

突发性环境污染事故和一般环境污染事故相比，二者具有一些共性，如都对生态环境具有破坏作用，对人群健康和生命安全造成严重威胁和伤害以及会造成不同程度的财产损失等。同时，突发性环境污染事故又具有其独有的特征。

（一）事故发生的突然性

一般环境污染事故污染物质的排放有固定的方式和途径，在一定时间内属于有规律的排放。而突发性污染事故没有固定的排放方式和途径，事故的发生有很强的偶然性，在瞬间或极短时间内就造成严重后果。由于导致事故发生的人为活动或自然因素具有不确定性，以致突发性环境污染事故的发生难以预测。另外，由于人类认识客观世界能力的局限性，导致在开展突发性环境污染事故的风险评估、预测、防范等方面还存在着各种偏差，难以真正掌握各种突发性环境污染事故的客观规律，并对其进行有效的控制和预防。

（二）污染形式的多样性

突发性环境污染事故包括放射性污染事故、溢油事故、爆炸污染事故、农药、有毒化学品污染事故等多种类型，涉及多个行业领域。就某一类事故而言，造成污染的因素多且复杂，生产、贮存、运输、使用和处置不当都有发生污染事故的可能。突发性环境污染事故也有多样化的表现形式。另外，能导致突发性环境污染事故发生的有毒有害物质种类繁多。常见的有剧毒农药；有机氯、有机磷系列；挥发性有机溶剂苯、甲苯、甲醛等；剧毒化学品氰化物、砷化物、汞及其化合物等；有毒气体氯化氢、氯气、硫化氢等；印染废液、酿造废液、化工母液及废液；各种放射性物质等。

（三）污染危害的严重性

一般的环境污染事故危害性相对较小。突发性污染事故发生突然，在极短的时间内大量泄漏、排放有毒有害物质，如果没有相应的防范措施，在很短的时间内往往难以控制，会造成生命、财产的巨大损失和生态环境的严重破坏，事故的环境影响、经济影响和社会影响都比较严重。

（四）处理处置的艰巨性

突发性环境污染事故涉及的污染因素较多，污染物排放量较大，污染面广且发生突然，危害强度高。突发性事故对监测技术和处理处置措施要求较高。处理此类事故必须快速及时，措施有效、得当，否则将会产生严重后果。因此，突发性污染事故发生的监测、处理比一般环境污染事故复杂，难度也大得多。

（五）事故原因的规律性

尽管突发性污染事故的发生存在很大的不确定性，但事故前的系统状态变化却是一个按客观规律演变的连续变化过程，突发事故的发生只是该系统连续变化过程中符合客观科学规律的一个突变。污染源集中处以及有害物质的生产、贮存、运输、使用环节是突发事故的发生源。工艺技术落后，管理制度不健全、不完善，防范不足是发生突发事故的直接原因。因此，研究分析突发性污染事故的发生规律，建立危险源系统状态变化的动态模型，进而掌握突发事故发生前的系统变化及导致该系统状态突变的原理和规律，有助于对突发环境事故的防范预测和控制。

五、突发性环境污染事故应急监测的内容和任务

突发性污染事故应急监测是监测人员在事故现场，使用小型、便携、简易快速的检测仪器和有效的检测方法，在尽可能短的时间内测定和判断污染物的种类、浓度、污染范围、扩散速度和危害程度的过程。应急监测的任务是为事故处理处置的决策提供科学依据；为正确决策赢得宝贵时间；为事故应急处置、善后处理提供技术支持；有效控制污染范围，缩短事故持续时间，减小事故损失。在应急监测过程中，一般在进行现场监测的同时采样，然后送到实验室分析，以获取更为准确的数据，用于后续的决策和事故性质认定。

六、突发性环境污染事故应急监测的原则

突发性环境污染事故应急监测不仅仅是事故发生后的环境监测．此类监测一般应结合事故预防与应急监测两方面。突发性环境污染事故应急监测应遵循以下原则：第一，事先防止污染事故的发生（例如，调查了解所在地区有害物质生产、使用情况，贮存数量和地点，运输方式和路线等，并制订相应的应急处置预案；加强宣传，提高公众预防意识；成立应急机构和网络，落实应急措施；定期组织演习等）。第二，成立相应的事故应急组织机构，落实组织、人员、装备、技术、资金等，制订各种情况下的应急预案。第三，事故发生后能在最短时间内携带装备到达现场，以最快速度确定监测方案，并确定污染物种类、浓度和扩散情况等，为处置决策提供科学依据，尽可能减少损失。

七、突发性环境污染事故应急监测系统

突发性环境污染事故应急监测系统包括质量管理、组织保障、技术支持三部分。

（一）应急监测质量管理

突发性污染事故应急监测的质量管理应包括前期质量管理和运行中的质量管理两方面。前期质量管理是应急监测质量管理的基础性工作，其主要内容有：1.建立应急监测工作手册、应急监测数据库和应急监测地理信息系统；2.组织应急监测人员技术培训；3.做好监测方法和监测仪器的筛选，做好监测仪器、设备的计量检定，做好试剂、车辆等后勤保障。运行中的质量管理的主要内容有：1.污染事故现场勘查和监测方案制订中的质量管理；2.污染事故现场监测和采样中的质量管理；3.实验室分析、监测数据处理的质量管理以及编制监测报告的质量管理。

（二）应急监测组织保障

在应急监测组织保障系统中，应建立全国和地区的监测机构网络，既考虑纵向的管理和支持，又兼顾横向的联系与协作。实现监测资源的合理配置，形成一套切实可行的应急监测管理办法和实施方案，根据管辖范围内污染隐患特征，有重点地开展特征污染物的监测能力建设，配备相应仪器设备，培养出技术优良的应急监测队伍。

（三）应急监测技术支持

应急监测技术支持的内容包括：1.掌握本地区可能引发事故的危险品和污染物特性以及环境标准；2.建立快速监测方法、安全防护措施和处置技术；3.制订应急监测预案，汇编应急监测实际案例，为应急监测的实施和事故处理提供技术支持。

八、常用应急监测技术

（一）试纸法

试纸法的基本原理是根据某种特定污染物的某一特效反应，将试纸或普通滤纸浸渍或涂抹上与该种污染物能够产生选择性反应的化学试剂后制成该污染物的专用分析试纸。当专用分析试纸与对应污染物接触时，试纸颜色变化可作为定性分析的依据；试纸颜色变化后的色度与标准色阶比较即可作为定量分析的依据。一般的商品试纸上均配有标准色阶或标准比色板。

试纸法在实际工作中携带方便，测定简便、快速，但测定结果精度较差。

试纸法的操作步骤如图3-4所示。

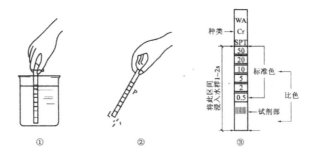

图3-4 试纸法的操作步骤

①将试纸插入水样至"ppm"文字处；②轻轻甩掉多余的水分；③在一定时间后比色

（二）检测管法

检测管法的基本原理是将用特定试剂浸泡过的多空颗粒状载体填充于玻璃管中制成相应的污染物检测管，当被测气体或液体通过检测管时，被测组分与管内填充载体上的试剂发生反应，造成检测管中填充物的颜色发生变化，根据新生成颜色的深浅或变色区域的长度可大概确定被测组分种类或浓度。根据颜色深浅来进行测定的称为比色式检测管，比色式检测管通常配有标准色阶。根据变色区域长度来进行测定的称为比长式检测管，比长式检测管管体上通常刻有浓度标尺。

目前，市场上已有多种有害气体或挥发性污染物现场快速测定的气体检测管和水污染检测管。例如，德国 Drager 公司生产的 Drager 检测管与相应的提取装置配合可分别用于空气、水体、土壤及污水等样品中挥发性物质的现场快速检测。根据检测管的功能、测定方式及其应用范围可分成很多种类，常用检测管及其分类如图 3-5 所示。

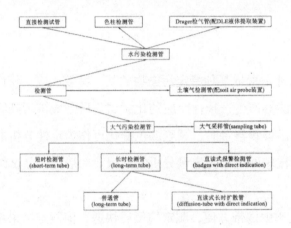

图 3-5 检测管及其分类

（三）化学测试组件法——目视比色法及滴定法

化学测试组件法多采用比色法和容量（滴定）法进行分析测定。比色法的基本原理是：将预先装在粉枕（试剂管或试剂小瓶）中的特定分析试剂加入一定量的待测试样中，试样经过显色反应产生相应的颜色变化，与标准色阶比较，根据其颜色深浅程度判断待图测样品中污染物的浓度值。其实质就是目视比色法。滴定法的基本原理是：将一定量的待测试样及对应的指示剂加入测试管中，用配套的刻度移液管（相当于滴定管）抽取相应滴定剂滴入测试管，边滴边摇动测试管，待测试管颜色变化即达到滴定终点，根据滴定剂浓度及消耗量来判断待测试样中污染物的浓度值。其实质就是容量分析法。

化学测试组件法使用的试剂都是使用方便的包装试剂，不同规格的包装试剂可适用于不同测定对象和不同的测定范围。一般其使用的分析方法干扰较小，选择性较好。将不同的测试组件（包装试剂和现场实验器具）组合可配成一套现场快速检测箱，其功能相当于一个小型实验室，可分析检测多种参数，也可适用于不同的测定范围。化学测试组件法可在事故现场迅速确定污染源或泄漏点，并且可以快速确定污染程度，迅速判断是否需要进行更详细的实验室分析。

常用的化学测试组件有比色立体柱（colorcolumn，缩写 CC）、比色盘（colordisc，缩写 CD）、比色卡（colorcard，缩写 CCa）、计数滴定器（dropcounttitrator，缩写 DCT）和数字式滴定器（digitaltitrator，缩写 DT）等。目前，化学测试组件已经商品化，在市场上很容易购买到技术成熟品质可靠、种类齐全的化学测试组件相关产品，如美国 HACH、德国 Merck、德国 MN、意大利 HANNA 等公司的相关产品。

（四）便携式仪器分析法

随着科技水平的不断进步，分析仪器制造水平也在不断提高。目前，在环境监测领域已经大量使用便携式分析仪器。便携式分析仪器携带方便、能够快速得到检测结果，可以很好地满足突发性环境污染事故现场应急监测的要求，在现场应急监测中很多便携式分析仪器被广泛使用，如便携式比色计（分光光度计）、便携式爆炸和有毒有害气体检测仪、便携式光离子化分析仪、便携式气相色谱仪、便携式 GC－MS 联用仪、便携式 X 荧光光谱仪、便携式荧光分光光度计、便携式测油仪、便携式反射光度计、便携式红外光谱仪、便携式浊度计以及酸度计、离子计、多参数水质分析仪等多种便携式电化学分析仪。

第四节　环境监测质量保证与控制

一、环境监测质量保证和环境监测质量控制

环境监测质量保证是对整个环境监测过程进行技术上、管理上的全面监督，以保证监测数据的准确性和可靠性。

环境监测的质量控制是为了满足环境监测质量需求所采取的操作技术和活动。环境监测的质量控制是环境监测质量保证的一部分，主要是对实验室的质量、管理进行监督，包括实验室内部质量控制和外部质量控制。

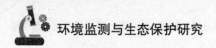

二、环境监测质量保证的内容

环境监测质量保证是整个环境监测过程的全面质量管理，包括制订计划；根据需要和可能确定监测指标及数据的质量要求；规定相应的分析监测系统。其内容包括采样、样品预处理、贮存、运输、实验室供应，仪器设备、器皿的选择和校准，试剂、溶剂和基准物质的选用，统一测量方法，质量控制程序，数据的记录和整理，各类人员的要求和技术培训，实验室的清洁度和安全，以及编写有关的文件、指南和手册等。

三、环境监测质量保证的目的

环境监测质量保证的目的是确保分析数据达到预定的准确度和精密度，避免出现错误的或失真的监测数据，给环境保护相关工作造成误导和不可挽回的损失。

从质量保证和质量控制的角度出发，为了使监测数据能够准确地反映环境质量的现状，并预测污染的发展趋势，要求环境监测数据具有代表性、完整性、准确性、精密性和可比性。

（一）代表性

表示在具有代表性的时间、地点，并按规定的采样要求采集的能反映总体真实状况的有效样品。

（二）完整性

表示取得有效监测资料的总量满足预期要求的程度或表示相关资料收集的完整性。

（三）准确性

表示测量值与真值的符合程度。一般以准确度来表征。

（四）精密性

表示多次重复测定同一样品的分散程度。一般以精密度来表征。

（五）可比性

表示在环境条件、监测方法、资料表达方式等可比条件下所获资料的一致程度。

四、环境监测质量保证的意义

环境监测质量保证是环境监测中十分重要的技术工作和管理工作。质量保证和质量控制，是一种保证监测数据准确可靠的方法，也是科学管理实验室和监测系统的有效措施，它可以保证数据质量，使环境监测建立在可靠的基础之上。因此，环境监测质量保证的意义在于使各个实验室从采样到结果所提供的数据都有规定的准确性和可比性，以便做出正确的结论。

一个实验室或一个国家是否开展质量保证活动是表征该实验室或国家环境监测水平的重要标志。

第四章　生态保护的优先原则

生态保护的优先原则是生态学理念与思想应用于其他学科领域所提出的一种应用性价值原则，是指政府在处理经济发展与环境、生态保护之间的对立关系时，应确立对生态系统优先评估、对生态价值优先保护的原则，并将其作为指导和调整生态社会关系的基本法律准则。生态保护优先原则是基于生态资源的自然经济系统为人类赖以生存的生命支持系统这一基本理念提出的。它主张社会经济系统的实质是自然生态系统演替功能的衍生品，其良性发展必须依赖自然生态过程的可持续性功能发挥，强调生态环境保护与资源科学利用在社会经济发展过程中的优先地位。它是指引、约束社会经济可持续发展的逻辑起点。

第一节　生态保护的开端——环境资源利用

我国作为一个人口大国与经济大国，过去、现在乃至将来都承受着巨大的社会经济和自然生态的压力。我国环境资源开发利用在强度上的提高和广度上的扩展，虽然为利益主体和社区发展带来了经济效益，但同时也对环境资源造成了破坏性的影响；而那些即将对环境资源进行开发利用的经济活动，尽管是利益主体按照成本收益精心设计的，对个人和社会都将带来丰厚的经济效益或社会效益，但同时也势必对已经承载很大压力的环境资源造成更大的不利影响，甚至对以资源为载体的陆域或水域生态系统构成直接威胁。在这种情况下，为了环境资源的可持续利用，也为了满足环境资源管理的需要，对环境资源尤其是脆弱的生态环境资源进行立法保护并规范人们的开发行为，是非常必要的。

一、资源不合理利用对生态安全的影响

环境资源的自然生态性在于其整体性和系统性，环境资源及其周围的生物群落和非生物环境[①]共同构成生态系统，生态系统的各组分或要素之间相互依存、相互作用、相互制约，共同构成一个整体，且每一个整体都是一个完整的系统，任一组分或要素都具有不可替代

---

① 穆治霖：《从海岛生态系统和自然资源的特殊性谈海岛立法的必要性》，《海洋开发与管理．2007年第2期：第44—46页。

的地位和功能。若改变其中的任一组分，必然会对其他组分甚至整体产生直接或间接的影响。

人们的生产和生活活动会对环境资源生态系统产生消极影响，这种影响反过来又会威胁人类的健康生存。不同环境资源生态系统的特性各异，要制定一个保护环境资源生态系统平衡与稳定的战略决策，制定切实有效的治理或缓解生态灾难的制度。必须先搞清楚环境危机或生态恶化问题产生的根源。因此，分析环境资源生态危机的成因是非常有必要的。人类活动对环境资源自然演替过程的干扰会对其生态系统各组分及各组分之间的关系造成直接的威胁。在人类对生态环境直接或间接的侵犯中，最值得警惕的是使用危险甚至致命的物质对空气、土壤、河流及海洋造成的环境污染和生态破坏。这种污染和破坏通常是不可逆的。

中共十一届三中全会召开之后，我国市场经济全面搞活，以经济发展为中心的战略将市场经济自东向西、由南向北、从陆地向海洋全方位推进。经济增长的速度成为衡量一切工作绩效的指标。然而，这种粗放型的经济增长，掠夺式的资源利用，追求高能耗、高消耗的生产、生活方式，以牺牲生态环境为代价的经济增长和奢侈消费，是非持续的，是不符合自然生态发展规律的。其结果是土地荒漠化、生物多样性减少、水土流失加剧、雾霾天气肆虐等威胁人类生存的一系列生态环境灾难，使人类的身心健康付出沉重的代价。于是，人们逐渐意识到：经济增长不能以牺牲环境资源为代价，经济发展必须走可持续发展的科学之路。由此，我国开始了自陆地到海洋全方位保护生态环境的立法动议。

虽然我国拥有漫长的海岸线，有着丰富的海域和岛屿资源，但我国传统上一直重陆地发展而轻海洋经济开发。随着改革开放的逐步深化，我国内陆和沿海经济迅猛发展。但由于我国经济发展采用的是粗放型增长模式，经济结构的不合理导致整体经济的非持续性，即经济高速增长的同时，自然资源被掠夺性、破坏性地利用。这一方面致使陆地自然资源十分短缺，另一方面致使生态环境日趋恶化。面对陆地资源稀缺与生态环境恶化的窘境，人们把发展的触角伸向了海洋，海岛资源的重要地位日益凸显。然而人们对海岛的开发利用，尤其是对无居民海岛的开发利用，不仅范围广而且强度大，这种掠夺式的资源利用模式已使环境恶化趋势从陆地系统蔓延至海域系统。此外，由于自然资源国家所有权制度的不完善，以及管理缺失和多头管理，我国的环境资源开发利用一度呈现"无序、无度、无偿"的严峻态势。这不仅使环境资源遭到毁灭性的破坏，而且更加剧了环境资源生态系统的退化。尽管环境资源保护领域有大量的法律法规和部门规章，但这些法规的侧重点大多是针对环境污染的末端治理，而不是对源头的生态资源进行保护。这也就意味着，生态保护优先的理念从本质上就缺少制度的支撑。因此，自然资源生态系统恶化的态势将不可能从根本上得到遏制。

二、经济理性泛滥是加剧生态危机的根源

工业革命为人们带来物质文明和社会进步的同时，也产生了一系列严重的全球性社会问题。其中，环境污染与生态破坏直接威胁到人类的健康生存。

（一）经济理性是工业文明的产物

20世纪以来，随着工业革命和技术革新的迅猛推进，人类社会发展的速度和规模是过去任何历史发展阶段无法比拟的，但同时也产生了一系列严重的全球性社会问题：人口激增、能源危机、粮食短缺、环境恶化、生态失衡、水资源匮乏、贫富悬殊……这一系列环境与发展之间的矛盾使人类社会的进一步发展遇到了前所未有的严峻挑战。人口无限扩张导致自然资源被无序地过度利用，工业化的生产与生活方式进一步将自然资源的经济功能发挥到极致，环境污染和生态危机凸显，人类健康生存的生态环境消失殆尽。为解决工业革命的副产品——环境污染和生态危机问题，很多国家不是遵循生态环境风险预防原则，而是采取"先污染，后治理"的发展模式，即只要污染者付费就可以持续地利用资源和污染环境。其基本逻辑是："污染者付费"既是矫正市场失灵的有效工具，也是自然资源优化配置的有效途径。

然而，付费是要增加成本的，这是人人皆知的道理。从主流经济学的惯性思维出发，如果自然能够免费提供生态服务，那么一向关注稀缺性和经济性的经济学家是不会考虑增加成本的；如果生态服务稀缺，但市场却能够确保稀缺的生态服务可以被有效率地分配，那么环境经济学大可不必完全从主流经济学中分离出来。事实上，生态服务已经变成稀缺品，市场不仅忽视了人们对生态服务日益增长的需求，而且漠视了任何市场都不可能保证生态服务在市场中被有效率地利用这一事实。因此，环境经济学主张尽可能地在生态服务的提供和利用过程中通过"污染者付费"手段矫正市场失灵。具体来讲，就是试图把生态服务这一自然资产以价值的方式纳入市场的货币、商品和服务交换体系，使一度免费使用的生态服务体现为货币化的价值，使市场的经济主体必须为其给环境带来的不利影响和增加的社会成本承担责任，迫使市场主体最优化地利用自然资源。也就是说，"污染者付费"制度通过设计污染税、污染许可证、污染者赔偿原则等机制，达到以基于市场的方法打击污染行为的目的。然而，无论采用哪一种经济性惩罚机制，污染物排放数量的商品化将是一项必要的先决条件。这样，通过商品化的经济过程转化，本来与市场无关的自然生态服务反倒可以通过市场进行定价交易，使资源得到有效配置，污染的最优水平由市场来决定，

污染物排放也顺理成章地被市场机制合法化。这既是环境持续退化的根本原因，也是经济理性认识论范式逻辑的有效践行。

理性的标准是多样的。随着市场中心机制在西方世界的确立，市场按照经济理性的逻辑把自然界作为可随意奴役的环境资源，使之为经济目的服务。这不仅使不公正的资源所有权关系合法化，而且使经济优先于生态，置人的健康生存和生态需求于不顾。同时，经济理性还强调经济增长与环境保护是一致的，或者更有益于环境保护。遗憾的是，这种预设在理论上是可以成立的，但全球性环境问题和生态危机的实证结果证明，仅依据市场规则解决环境问题和生态危机不仅是不可能的，也是不现实的；相反，环境问题和生态危机正是由经济增长和资源过度消耗造成的。近年来，西方国家经济水平的提高和污染水平的降低并不是因为经济增长有益于环境保护，而是其把污染企业转移到污染边际成本更低的发展中国家，取而代之的是相对有利于环境的服务性行业。[1]

"先污染，后治理"的经济理性思维方式在一定程度上对于陆地资源的利用是可行的，因为陆地上的自然环境条件非常优越，其生态系统的承载力和恢复力都很强。但"先污染，后治理"这一经济理性思维方式并不适用于对无居民海岛整体性资源的开发利用[2]，因为无居民海岛的生态脆弱性特质使其从根本上无法与陆地生态系统的可恢复能力相媲美。[3]诚然，尽管无居民海岛资源使用也具有一般自然资源使用的共性特征，但从其开发利用和保护的角度，无居民海岛的整体性资源使用功能主要表现为地域性、整体性和客观性的特征。[4]地域性是指自然资源的空间分布与一定的地理区位相联系。无居民海岛具有因地理区位差异导致其自然资源分布差别性的属性特点，如交通运输用岛、渔业用岛、农林牧业用岛等。整体性是指各种自然资源在复杂的生态系统中作为组成整体的部分环境要素，既相互依存又相互制约，互为因果地交织在一起，构成完整的资源生态系统有机统一体。[5]其中，任何的资源利用或外力干扰行为，都会引起单一要素的变化，并可能进一步影响到其他要素，从而导致整个生态系统结构的变化，甚至造成整个生态系统功能的失衡。无居民海岛并不是作为自然资源的载体（如草地、森林、矿藏等）孤立存在的，而是与其周围海域共同构成一个统一的整体。客观性是指自然资源无论是可再生资源还是不可再生资源，

---

① 简·汉考克：《环境人权：权力、伦理与法律》，李华译，重庆：重庆出版社，2007年，第5—23页。

② 牛文元：《生态环境脆弱带（ECOTONE）的基础判定》，《生态学报》1989年第2期，第97—105页。

③ 冷悦山，孙书贤：《海岛生态环境的脆弱性分析与调控对策》，《海岸工程》2007年第2期，第58—63页。

④ 蔡守秋：《环境资源法教程》，北京：高等教育出版社，2004年，第273—274页。

⑤ 李昌麒：《经济法学》，北京：中国政法大学出版社，2007年，第487—488页。

都是客观存在的自然环境要素的组成部分。① 因此，无居民海岛的开发利用必须正视其特殊脆弱性的特质，外界对其生态的干扰必须遵行其系统固有的整体性、系统性的自然生态规律。

（二）经济理性加剧了生态危机

工业文明以经济理性为基础形成了个人主义法律价值观，其法治文明所确立的绝对所有权、契约自由、自己责任原则，对生态危机的产生负有不可推卸的责任。②

1.经济增长优先论：现代经济制度的理论基础

经济增长成为20世纪世界各国不可或缺的思想意识。20世纪30年代，英美经济学家突破经济大萧条的困境，通过控制通货膨胀和管理经济为第二次世界大战的胜利做出贡献。在资本主义世界，一方面，第二次世界大战的胜利奠定了美国在国际事务中的支配地位；另一方面，美国在经济领域的成功也确保了美国文化理论在西方世界广为传播。在意识形态的另一极，苏联利用其地缘政治优势创造了另一版本的经济增长崇拜。更为极端的是，20世纪90年代，一位美国经济学家曾乐观地预言，经济增长可以持续70亿年，只有在太阳消亡时经济才停止增长。某些诺贝尔经济学家更是声称，没有自然资源的支撑，世界经济也会持续增长。③ 这些都确证了唐纳德·沃斯特所言：传统经济学家、商界巨头、政治家和广大公众中广泛持有的根深蒂固的经济增长优先论观点，构成了现代经济制度基础的理论态度和现代文明的全部物质精髓。④

经济增长优先论忽视了自然系统思想。以经济增长崇拜为核心的意识形态的认识基础在于把自然看作一个资源库存去使用，理论基础在于机械的、功利主义的世界观和方法论。工业革命以来，世界经济的发展确实积累了真实的资本，创建了一个更加丰富、更加拥挤的世界，并且经济实证分析的思维方式对相关学科自然现象的研究也发挥过积极的作用，但由于其割裂了自然系统各事物之间、社会经济系统各要素之间以及它们之间相互的内在关联性，这种思维方式往往是"只见河流，不见大海"，对自然系统和社会经济系统规律的认识存在孤立性、片面性。因此，这种思维方式注定是不科学的。这种实证分析研究方法始于弗兰西斯·培根，经艾萨克·牛顿以及勒内·笛卡儿等人的继承和发扬光大，形成

① 杨紫烜：《经济法》，北京：北京大学出版社，2006年，第491—492页。

② 吕忠梅：《中国生态法治建设的路线图》，《中国社会科学》，2013年第5期，第17—22页。

③ 赫尔曼·E.戴利、乔舒亚·法利：《生态经济学：原理和应用》，金志农等，译，北京：中国人民大学出版社，2014年，第3页。

④ 唐纳德·沃斯特：《自然的经济体系：生态思想史》，侯文蕙译，北京：商务印书馆，2007年，第409—410页。

了线性思维，但生态循环并未被纳入其思考的范畴。[①] 这种实证分析的思维方式后来被崇尚自由市场理论和经济自由主义的亚当·斯密和其他经济学家所推崇、借鉴。但该研究方法和思维方式忽视了自然资产的消耗和折旧，其缺陷在于遵循经济规律时没有把生态环境因素纳入其理论视野之内考量。

2. 环境问题资本逻辑理论：经济增长论再展示

资本逻辑的本质旨在追求经济利润。经济增长的目的对社会而言是获取更多的社会财富，对资本所有者而言是取得更多的经济利润。简单来讲，资本的本性就是通过投资生产并在市场上销售商品追求更多的利润，以此来谋求资本自身的增值。这就是资本逻辑。[②] 这种追求资本增值、累积利润的资本逻辑在形式上正是通过经济增长的手段而实现的。经济增长要求快速生产、大量消费和产生大量废弃物的生产方式和消费方式与之相协调，体现在生产力上就是通过大量生产高额利润的产品使生产力得以迅速提高。从生产关系上看，这不仅符合资本本性的内在要求，而且彰显了资本逻辑贯穿商品经济社会的本性。从根本上讲，这种生产力与生产关系构成了与资本逻辑最相适应的生产经营体制。

环境问题的资本逻辑是与生态保护逻辑不相融的。资本逻辑从表象上看是通过生产商品满足人们所需要的生活资料，但实质上是为了实现资本的本性——获取高额利润。资本逻辑把包含人格在内的一切东西都贬低为追求利润的手段，同时，在生产过程中又尽量削减成本费用。[③] 由于资本的逐利本性，如果没有法律的强制性约束——排放废弃物的无害化处理原则，资本必定服从于"节约"的经济人理性。在资本逻辑看来，如果没有法律的强制性规定，生产者可以无偿地摄取大气、水等自然资源，而且理所当然地把生产过程中产生的废气、污水免费排放到自然环境中去，那么生产者是不必关心排放物是否污染环境、污染的程度以及损害人体健康的程度等问题的。这种缘于资本本性所产生的"节约"，实质上是以对环境的污染、生态的破坏为代价的。在此意义上，资本的逐利本性和大量生产、大量消耗的生产方式和消费方式催生了环境问题，导致了资本逻辑与生态保护逻辑的对立与冲突，使资本逻辑与生态保护逻辑处于不相融的两条轨道。

3. 过度经济理性导致生态秩序失衡

在生态保护和经济利益面前，如何处理两者的关系，既是价值判断问题，也是决定能否对环境资源利用实施生态保护的关键所在。对于管理者而言，地方政府及其相关管理部

---

① 曹明德：《生态法的理论基础》，《法学研究》2002 年第 5 期，第 98—107 页。

② 岩佐茂：《环境的思想——环境保护与马克思主义的结合处》，韩立新译，北京：中央编译出版社，2006 年，第 24 页。

③ 同②，第 149 页。

门通常是为了地方利益或部门利益进行选择性执法，对于有利益的管理，管理者都会争相管理；但一旦涉及污染防治、保护生态等履行义务的情况，因为不存在利益，管理方都会推脱。我国各管理部门之间由于存在业务和职权职责上的交叉与冲突，对同一件事情，大家都可以管也都可以不管，既缺乏统一的专业管理机制，也缺乏强有力的管理协调机制，从而导致越管越乱。这就是由缺乏生态系统管理的法律规范所导致的管理乱象。对于经济利益主体而言，自私自利的本性决定了其以最小的成本换取经济利益最大化，而防治污染、保护生态必然加大其成本，并且防治污染、保护生态的成果为大家所分享，是公共利益，经济利益主体当然不会在既没有强制力规范要求又没有管理者对其进行管理监督的情形下，自觉主动地履行生态保护义务。此外，由于长期以来的人口承载压力，我国存在对大多数环境资源开发利用方式不当或过度开发利用，以及对环境资源只利用不保护的现象。因此，在生态保护优先的立法规范不到位或缺位且管理无序的情况下，我国生态环境趋于恶化。

我国无居民海岛的使用和管理就是一个典型的环境资源使用无度、无序的案例。尽管无居民海岛在我国历史上已存在了几千年，但真正对其履行管理使命是始于陆地资源的稀缺和由此引发的海域争端。目前，我国对无居民海岛的管理问题较多，如刘文学在其文中所述："现在的海岛管理状况是各说各的、各管各的，国土、海事、边防及地方政府等相关部门都在插手管理，但是都未管好，较混乱，而且没有明确的法律依据，无法进行有效的管理。因此，众多海岛仍然处于无序无度的开发状态，甚至有渔民在海岛上开山炸石、非法采砂，造成国家资源的浪费。"我国海岛管理机构设置重叠，职责不清，各自为政，各级的管理范围、权限不明确。由于涉海部门较多，且彼此之间缺乏统一有效的协调，我国海岛保护与利用存在较多问题。这种管理体制的构建完全遵循行政管理体制的模式，是为了最大限度地适应或方便行政区划的管理，更是基于部门或地方管理主体对部门利益或地方经济利益的喜好，但却忽视了对生态环境的保护和对自然资源的可持续利用。然而，无居民海岛及其所属海域是一个相对完整且封闭的生态系统，并且该生态系统具有不同于大陆及有居民海岛的特性，即整体性、敏感性、脆弱性。因此，基于无居民海岛及其周围海域生态系统的属性及特点，人们应该遵循事物本身的规律或特性，以整体论、系统论为指导，采用科学的生态系统管理方法对其进行管理。

无居民海岛生态系统提供了人们赖以生存的资源和自然环境，因为受到人们经济活动的影响，其生态环境的恶化就是海岛生态系统对环境的强力胁迫，是对人类过度干扰的异常反应。无居民海岛生态系统的整体性、敏感性、脆弱性，以及无居民海岛生物资源和非生物资源已被破坏的现状，理应迫使人们自醒、反思：单一地追求生态系统最大生产量的行为对无居民海岛的生态系统造成了不可逆的破坏，我们必须摒弃传统的单一自然资源管理理念，转而采用生态系统的理论和方法对无居民海岛进行科学管理。生态系统管理是一种新的科学的自然资源管理方法，是一种基于生态系统知识的管理和评价方法，这种方法将生态系统的结构、功能和可持续的社会经济目标融合在一起。[①] 人们对无居民海岛的任何开发利用都会对其生态系统产生影响，只是开发利用的方式不同，所呈现的不利影响程度也就不同而已。这就要求人们对无居民海岛的任何开发利用都要建立在生态维护和科学管理基础之上。唯有采用科学的生态系统管理的方法，才能遏制无居民海岛环境和生态被破坏的乱象，也才能维护无居民海岛生态的可持续发展。

三、经济理性与生态保护理念相悖

人类文明经历了狩猎文明、农耕文明和工业文明。其中，工业文明较其他文明是更高级的文明，不仅创造了先进的生产力，而且形成了富有效率的社会经济组织、经济体系和管理制度。以经济为纽带的社会分工促成了与其生产关系相匹配的法治观念，即天赋人权、私有财产神圣不可侵犯、平等、自由等。这些法治观念使人脱离了普通的个体，被抽象为追求经济利益的理性"经济人"，使人与人的关系经历了从身份到契约的嬗变。自然界被定位为"理性人"占有、支配的客体对象，以"物"为核心的财产法、契约法等法律制度构成了工业文明社会的法律体系，经济理性奠定了工业文明时代个人主义法律价值观的逻辑基础。[②] 然而，市场、财产、契约等众多工业文明的个人主义价值符号在促进工业文明繁荣的同时，也造成了环境污染、资源破坏和生态功能退化。于是，人们开始反思工业文明的生产与生活方式，忖度科学技术的双刃价值，反省人与自然的关系，质疑经济理性的价值基础。[③]

我国经济在快速发展的同时，也面临环境污染、资源破坏和生态功能退化等问题。这些已经威胁到公众身心健康的雾霾天气、被污染的水质和被污染的农地土壤，也迫使媒体和公众追问：数年来，为什么政府花了那么多钱，用了那么长时间，下了那么大决心，但空气质量、大江大河大湖的水质还是没有发生根本性好转，土壤污染的态势依然严峻？其实，我们的环境质量不是没有好转，而是好转后又被第二轮、第三轮的污染破坏了。因此，我国的水污染、大气污染和土壤污染等问题迟迟不能被解决，其原因不是技术障碍，不是资金问题，而是发展理念问题。

---

① K. A 沃科特：《生态系统：平衡与管理的科学》，欧阳华译，北京：科学出版社，2002 年，第 1 页。

② 吕忠梅：《中国生态法治建设的路线图》，《中国社会科学》2013 年第五期，第 17—22 页。

③ 姬振海：《生态文明论》，北京：人民出版社，2007 年，第 16 页。

经济理性观不利于生态保护。工业文明和现代科技为人类导入的市场经济理性在创造物质财富的同时也形成了一种"反自然"的异化力量，这种经济的、自然的"双重衰退—崩溃"模式不仅摧毁了人类赖以生存的自然生态系统，而且导致了全球性的生态危机，更使人类遭受了史上空前的生态灾难。正如著名科学家卡普拉所说："现在全球生态体系和生命进化处于危险之中，处于一场大规模的生态灾难之中。"

（一）市场不是万能的

市场是实行市场经济的国家不可或缺的资源配置手段，但市场是万能的吗？市场能揭示所有市场主体的期望吗？市场理想体系既能有效地配置所有资源也能公平地分配所有资源吗？市场能够自发有效地将社会经济系统调整到自然生态支持系统的可持续供给物质规模范围之内吗？这些普遍的市场信念受到了生态文明理念的质疑，事实上，自由市场体系对配置自然系统的生态物品和服务是无能为力的。

市场只能影响、左右或调节市场商品，它在满足排他性和竞争性商品特性的前提下是一种很有效的资源配置机制。市场为交易主体的经营活动提供平台，旨在获得最大利润，市场通过交易媒介——商品（包括物质商品和非物质商品）的供给和需求平衡关系调整生产和分配。市场商品具有竞争性和排他性的产权特征，如果一种物品具有非产权、非排他的属性，任何人无须经过他人同意或授权可任意使用，那么任何一个市场主体都不会愿意投资生产这种物品，如非收费公路、免费开放的公园和大多数生态系统服务等，原因在于非排他性物品不体现市场价值。

市场不能有效地配置非市场商品。非市场商品具有非竞争性、非排他性特征。许多非市场商品并非人类生产，而是自然系统提供的，如海洋中的鱼类、美丽的风景、明媚的阳光等。对非市场物品，市场不能生产和分配，这些物品不具有竞争性和排他性，对公众是开放的，这终将导致生态退化即"公用地悲剧"。同样，开放式的海洋渔业也受这种悲剧的困扰，如大西洋鳕鱼就是典型的案例：在没有过度捕捞之前，渔民捕捞大西洋鳕鱼的成本很低，而可持续产量却非常高，然而世界性的长期过度捕捞导致鳕鱼的生物量急剧下降，稀缺的鳕鱼使捕捞成本变得极其昂贵。每个利己的渔民都认为，自己增加一点捕捞量，不会影响到整个鱼类的产量。然而，正是由于每个利己的渔民增加的捕捞量彻底摧毁了大西洋鳕鱼的生物存量。目前，这种生态恶化的趋势在许多地区仍在继续，公共海域的可捕捞量正在急剧地下降，如若不加遏制，开放式的制度终将导致生物系统衰退和渔业资源的崩溃。这种恶化状况也从另外一个侧面说明，市场对非竞争性物品或服务不能产生调节和分配效用。

市场对公共物品的供给和配置无能为力。公共物品不具有私人产权的特征，具有非排他性、非竞争性属性，任何人都可以免费使用，大多数生态物品和服务都是纯公共物品。公共物品的非市场效应主要体现在以下两方面：第一，公共物品的免费使用属性意味着它不体现任何市场价值，不具有追逐利润的市场属性，市场当然不会提供公共物品；第二，公共物品本身的特征决定了使用公共物品的"搭便车效应"。这种效应是从一种狭隘的自利观点出发，凡涉及公共利益（如减少废气排放、限制能源消费等）的约束、自律行为，无论他人如何选择，其最佳策略就是以自我利益最大化为标尺来衡量，纯粹依赖别人的无私付出和奉献。这严重地阻碍了公共物品的供给。

科斯定理认为，无论初始产权如何配置，只要具备完全竞争的市场交易条件且在市场中交换，那么最终有效率的资源配置都能实现。该定理表明：第一，交易成本为零时，效率最大化；第二，外部性问题单靠市场就能解决，根本不需要外力干预。现实难道果真如此吗？科斯定理最重要的理论假设就是在完全竞争的条件下，交易双方信息完备，即实现交易成本为零。在简单的即时交易中，可能交易成本不高，但这并不意味着所有交易成本都为零。基于此理论，如果以河流上游的一家污染企业影响到了河流中下游数千户居民的饮用水为例，势必演绎出如下结论：不仅能让所有相关主体都坐到谈判桌前达成一致协议，而且交易成本为零。这个结论未免也太不切实际了，单是把众多相关主体凑到一张谈判桌前就非常困难，甚至是不可能的事情。在现实中，当外部性涉及社会不特定众多主体时，交易成本是非常昂贵的，这是一般规律而并非特殊情形。因为所有的经济活动都会产生废弃物，影响生态系统的功能和服务实属不可避免，这是经济内部过程的必然环节，即经济活动与生态系统吸纳其排放的废弃物之间存在着不可分割的天然联系。以森林变为耕地为例，森林生态系统产生的生态服务会在当地、全国乃至全球减弱甚至丧失，这就产生了负外部性问题，而解决这一问题的交易成本会极其昂贵，令人望而却步；如果说这一负外部性影响到了后代，那么代际的交易成本更是无穷大，而市场根本无法解决此类问题。

（二）经济增长不能解决环境问题

"环境库兹涅茨曲线假说"认为，在经济增长过程中，工业生产排入环境中的废弃物与由此引起的环境损害具有直接的关系，即环境损害程度与人均收入的关系曲线类似于"倒U"形。该假设的关系要素有三个。一是经济增长的不同阶段存在结构性问题。当人均收入水平较低时，经济增长依赖工业化、城市化来推动需要从自然环境中摄取大量的资源、能源和原材料，从而导致废弃物等污染物排放增多；而随着人均收入的增多，经济产业结构发生改变，第三产业的出现减少了资源和原材料的投入，废物排放也相应减少。二是随着收入的增加，人们会为了改善环境而理性地消费。三是西方的高收入国家推动了全球环境治理。这个假说的某个因素或某个环节有其合理性，但就整个地球环境而言，环境是一个不能分割的整体，局部的环境改善并不能对全球气候变暖、臭氧层破坏、生物多样性减少等产生实质性的影响。

《超越极限》的核心在于尊重环境约束。《增长的极限》和《超越极限》认为，生态环境是有极限的，经济不可能永远增长下去，为避免未来经济的非可持续性，人们应避免对自然资源的过度利用行为，尊重自然。人类的任何经济活动都需要投入资源并产生废弃物，而且人们对自然资源的开发和利用已经超出自然生态的承受能力，如果未来人们不减少对自然资源和能源的过度使用，那么经济系统将溃退。事实上，经济的不可持续是可以避免的，即采取"量出为入"的办法，把人类对自然的索取建立在自然生态可承载的范围之内，也就是尊重自然的生态约束机理。

（三）经济增长的"反自然"性质

自然与经济的双重衰退模式经济增长是以环境"透支"为代价的。人类的生存离不开地球生态系统及其服务的支持。在过去50年中，为满足人类对洁净水、食物、木材、燃料和纤维等快速增长的需求，人类对生态系统影响的速度、强度与规模均超出了历史上任何时期，生态资源的消耗极大地促进了人类福祉水平的提高和经济的发展。但是，人类对生态系统施加的压力越来越大，已远远超出了生态系统本身的承载能力，这意味着人类正以毁灭性的方式消耗地球上的生态资源，以此来刺激生产和消费。

生态系统正在遭受"求大于供"的严峻局面。在对生态系统的24项生态服务功能进行评估后发现，有15项生态服务功能正在退化或者处于不可持续利用的状态，包括净化空气和水源、调节区域和地方气候、调控自然灾害以及控制病虫害等。就水资源而言，全球有半数的国家处于地下水位严重下降、水井干涸的状态；从农田基础来看，世界上有1/3的农田土壤养分流失超过新养分生成，土地肥力正在逐渐丧失；从森林角度来看，森林被变更为农田或被砍伐用来生产木材、纸张，森林面积每年减少35万平方千米；从海洋资源来看，全球4/5的海洋渔场因过度捕捞或满负荷运转而面临崩溃。经济系统所依赖的自然支持系统呈现衰退态势。科学考察的"生态足迹"发现：人类的总需求已在1980年首次超过了地球的可持续供给能力，到1999年全球需求超过了自然系统可持续供给能力的20%，到2017年全球需求已经超过了自然系统可持续供给能力的50%。也就是说，我们当前的生产、生活消费水平至少需要1.5个地球系统的供给才能满足。从生态环境系统考察，世界经济发展处于"透支"状态。假如用生态环境指标来评价，那么支撑经济的自然支持系统的衰退，也就意味着全球性经济的衰退。

传统经济增长模式是对历史性文明衰退的见证，破坏自然支持系统的文明从来都不可能长久。对这个论题，经济学家和生态学家有着不同的观点。经济学家认为，综观近几十年来的经济发展，市场经济是配置资源最有效的手段，经济增长在很大程度上提高了人们的生活福祉水平。世界经济曾经有无比辉煌的过去，同样其必将有充满信心的未来。承接该经济预测观点，主流经济学家和著名预测机构都欣慰地认为，将来世界经济增长速度远比目前要快，到 21 世纪中期，世界经济规模大约为现在经济规模的两倍。但这种极为乐观的看法并没有得到生态学家的肯定。生态学家认为，世界上的任何产品都是有成本的，包括投入生产系统的原材料成本和能够为市场所计算的所有直接成本。但遗憾的是，市场却忽视了其自身无法调节的所有间接成本，如支撑经济增长的所有生态消耗成本。这就意味着市场并没有完全准确地反映产品的所有成本。

市场虽然决定了价格，但并没有反映价格的真相，即由市场形成价格的商品经济并没有反映产品的所有成本。以车用汽油为例来分析产品成本，从人们开采原油到精炼原油生成汽油，再到将汽油输送到全国各个加油站，假如这一过程所产生的直接成本大约是 5 元，那么该直接成本并没有包含生产过程中所产生的废气治理成本、行车燃油所排放的废气治理成本、废气污染所产生的呼吸系统疾病治疗成本、消减所造成的气候变化影响成本等，如果技术发展到能把所有这些成本都量化到间接成本里。那么每升汽油的成本要远远高于 5 元。所有能源的价格都应按此方式计算，才是真正的市场价格。因此，只有把所有产品行为所产生的所有成本（即直接成本和间接成本）都计算在内，市场才能真正反映产品的真实价格。

环境的衰退和恶化预示着文明的衰退或崩溃。历史上不同文明的衰退，有时是由单一的环境趋势导致的，有时是由多种趋势共同造成的。考古记录发现，人类早期，多数文明的崩溃是由生态环境衰退引发食物短缺而最终导致的。例如，苏美尔文明的衰退在于农田灌溉系统存在设计缺陷，致使农田土壤盐分浓度逐渐上升，本该肥沃的农田变得寸草不生，最终导致苏美尔文明的崩溃；玛雅文明的消亡则是由人们过度砍伐森林和土壤被严重侵蚀导致的。现代农业文明的繁荣，使人们长久以来未能充分意识到农田土壤的环境恶化将会危及 21 世纪人类文明的延续。这并非危言耸听。目前全球性的生态环境评估已表明，人类过度消耗资源和排放大量废物导致环境对人类生存和经济发展产生了大量负面反馈；全球人口持续快速增长，人们对各种资源的需求与日俱增，造成耕地日渐稀少、森林大面积消失、水井干涸、土壤侵蚀严重、食物价格上涨、失业率上升，这些都是导致政治和经济动荡的不安定因素。尽管如此，经济学家并不认为地球自然支持系统功能的退化会直接影响经济可持续产量的极限。这种意识的根源是由现代经济思想和经济决策所构建的经济模式决定的，这种经济模式与它所依赖的濒临崩溃的环境生态系统并不相生相融。因此，我们必须直面现实：现在我们的经济模式正在肆意破坏着支撑人类经济的自然支持系统，并且正把人类推向几近衰退与崩溃的边缘。

（四）"经济优先观"解构

法的基本原则是立法价值的浓缩和立法目标的具体化，是立法者为实现立法价值目标在不同规范层次上确定法律规范的分类和方法，而不同法律的制定都是为了达到特定的立法价值目的，因此，立法目的在很大程度上决定了法律调整的方向、立法理念、价值目标和制度选择。由于不同国家在制定环境法律时所处的历史条件有别，环境问题的严重程度也不尽一致，再加上社会政治与经济发展状况的差异，所以其环境保护法的立法价值目标在不同的历史发展阶段也可能有所不同。

1969 年，美国颁布的《国家环境政策法》明确规定："本法的目的在于宣示国家政策，促进人类与环境之间的充分和谐；努力提倡防止或者减少对环境与自然生命物的伤害，增进人类的健康与福利；充分了解生态系统以及自然资源对国家的重要性；设立环境质量委员会。"由此可见，美国环保政策对环境保护的价值取向是以保护人类的整体生存环境作为逻辑起点的，其环境保护战略思想充分考虑了人类对自然环境的任何干扰活动都会对生态环境产生不确定的影响。因此，维护和保持良好的环境质量对人类的健康生存、普遍幸福具有重要意义。为了实现环境保护目标，该法规定，美国联邦政府的计划、职能、各种行动方案以及各项政策、条例和公法的解释与执行均应与该法规定的政策一致，联邦政府的一切官员在做出可能对环境产生影响的规划时，要综合利用自然科学和社会科学方法，优先考虑生态环境保护问题。从美国环境保护立法目的的确立到为实现该目标制定的各项要求及措施，都明确规定了联邦政府各项行动方案必须把保护生态环境放在优先考虑的位置，充分显示了环境保护优先的立法理念和价值取向。

1967 年，日本制定的《公害对策基本法》的立法价值目标是使保障国民健康、维护生活环境与经济健全发展相协调。这被认为是反映经济优先思想的立法，因为当时日本的环境污染状况非常严重，其公民遭受了巨大的公害灾难。社会舆论强烈要求把保护健康与生活环境视为至高无上的立法原则，并把它作为防治公害的法律武器。所以，日本在1970 年第 64 届国会讨论修订该法时删除了所谓环境保护与经济发展相协调的"平衡"条款，确立了环境优先原则，即保护国民健康及维护其生活环境是环境立法的唯一目的。环境优先原则的确立是为了强调环境保护，不给污染者以发展经济而损害环境的借口。1992 年以后，国际社会确立了可持续发展的人类发展观。1993 年日本修订的《环境基本法》规定：本法的目的是以环境保全为基本理念，明确国家、地方、公共团体、企业者及国民的责任，规定作为环境保全基本对策的事项，从而综合且有计划地推进环境保全对策，以确保现在及将来的国民健康、文化生活，为人类的福利做贡献。日本通过制定《环境基本法》把可持续发展理念贯彻到国内环境立法中。其环境基本法由一直侧重的公害治理，即简单的污染防治，向更深层次扩展，增加了对生态保护、环境损害赔偿、加重环境责任的相关规定。由此，日本的环境法立法价值目标经历了从经济优先到环境优先的转变，最终实现了经济和社会的转型。

1976 年，匈牙利颁布的《人类环境保护法》规定，本法的目的是保护人类环境和整个社会的共同利益；每个公民都有权享受适合人的生活的环境。同时，该法还规定，国家在制订国民经济计划时应优先注意保护环境；在制定经济法规和其他文件、措施时也应优先考虑环境保护的需要；环境保护机关可责成企业等有关单位建立环境保护制度，并有权限制或停止其活动。《人类环境保护法》的立法目的和相关规定，都体现出环境保护优先的理念、规制和措施。

我国的《中华人民共和国环境保护法》（以下简称《环境保护法》）第一条规定："为保护和改善环境，防治污染和其他公害，保障公众健康，推进生态文明建设，促进经济社会可持续发展，制定本法。"该立法目的摒弃了原来经济发展优先的价值理念，而以"可持续发展"代之，是修法的一大进步。但该立法目的仍存在缺陷。其一，该立法目的未能体现现代环境伦理的基本价值，更没有体现环境立法的根本使命，与世界先进环境立法国家的"实现人与环境之间的充分和谐""环境保全提升人们福利""保护人类环境和整个社会的共同利益"等立法目的仍有很大差距。目前，我国经济在经历了 30 余年的高速增长之后，经济发展所产生的主要问题就是生态环境问题，并且生态环境问题已经发展成为重大的民生问题——大气污染、水污染和土壤污染等已经危及公民的健康生存，而如此严重的环境污染问题正是修订环境法所要解决的最大问题，但修订后的《环境保护法》并未解决。其二，立法目的中的"防治污染"仍然是防治相结合的治理思路，这样的规定仍为末端治理留下了缺口，在缺乏资金、技术的情况下，预防治理经常落空，实际治理也难以投入。随着环境问题的愈演愈烈，末端治理已经难以解决环境污染和生态破坏问题，有的是企业最后倒闭，无钱治理；有的是环境被严重污染和破坏，根本无法治理和恢复。在这种情况下，就必须有一种新的原则和机制加以代替。其三，该法中"使经济社会发展与环境保护相协调"的规定是较"环境保护与经济社会发展相协调"的进步。但事实上，环境保护永远协调不过经济发展，最后仍然走的是"经济优先""先污染，后治理"这样一条发达国家走过的老路。此外，这种协调也应当是国家采取一系列政策和措施后所要达到的目标和效果，而不是要根据"协调发展"的要求来解决环境保护与经济社会发展的关系。

四、生态保护期盼生态经济秩序

经济思想应受制于生态思想约束。传统的经济思维模式建立在人们贪得无厌和自私自利且效用最大化的理论假设基础之上，这种思维逻辑不仅造成了自然和经济的双重衰退，而且还对人类生存构成了极大的威胁。为了避免现代工业文明的经济思维将人类导入崩溃的生态深渊，我们必须摒弃掠夺性的、不可持续的粗放型经济增长模式，选择并坚持可持续的经济发展模式，提倡以生物资源和可再生资源为支撑的生态经济模式。这种生态经济模式理论强调经济发展必须以生态可持续支撑为基础，承认经济发展不是唯一主体，而是和生态紧密联系、不可分割的统一整体；认为经济发展要受制于生态环境的自然约束，要求人们发展经济必须首先顺应自然生态规律，其次再遵循经济发展规律，最终实现生态与经济的可持续发展。

经济安全性融合于生态安全性，生态安全在一定程度上优于经济安全。随着全球资源枯竭与生态危机的日益加剧，生态安全已成为世界性的热点和焦点问题。生态安全通常是指人类生存和发展所需要的生态环境应处于少受或不受威胁与破坏的良好状态。有学者认为，其基本含义一般包括两方面：一是防止生态环境退化对经济基础构成威胁，主要指环境质量下降和自然资源的减少削弱了经济可持续发展的支撑能力；二是防止环境问题引发人民群众的不满，特别是导致环境难民的大量产生，从而影响社会安定。生态安全性是指人们在发展经济的过程中，应当保护生态系统及其中的自然资源，使其能够继续存在和保持再生的能力。从生态安全的含义来看，生态安全可以体现为良好的资源环境态势，具体表现为生态系统自身处于健康运行中，能满足社会经济的持续发展需要；生态安全也指一种生态环境与经济发展之间的良性关系，这种关系要求经济发展的规模和水平必须限制在生态环境可持续承载的范围之内，强调生态系统的平衡和稳定，否则，经济安全性将会受到来自生态环境的制约与威胁。

经济安全必须兼容于生态安全。生态安全是经济可持续发展的基础，也是经济安全最基本的保障，具体体现为生态系统结构的稳定和生态功能保持正常的服务。任何生态系统都蕴含着自己独特的结构和功能，结构为功能的载体，功能是否正常预示着结构是否健康和稳定。也就是说，只要生态系统结构稳定，其系统功能就可以得到正常保持，生态系统的整体运行也就可以保持平衡，依赖其发展的经济也就具备了功能正常的生态资源基础。与之相反，如果由于某种原因生态系统结构的稳定性遭到破坏，且其系统功能不能正常保持，那么其系统运行就很难再维持平衡，其作为经济发展的基础性支撑作用不仅不能有效地发挥，而且还会威胁到经济安全，严重者甚至会导致生态灾难。因此，实现并维持生态安全，将有利于经济发展和经济安全。

经济利益性统一于生态利益性。生态利益是生态价值的再现，生态价值表现为生态系统的内在价值、工具价值和系统价值。从生态系统本身看，其内在价值的具体表现形式为生物利益，这是生命物种本身内在的固有价值和满足自身内在需要的体现；从生态系统的功能效用看，其工具价值的外在表现形式为生态利益，主要是指生态系统为满足人类正常健康生存而提供的各种生态资源和自然生态服务，是为全部社会成员提供生态生产资料和消费资料的所有外在价值的体现；从生态系统整体性看，其整体价值的表现形式为整个生命物种的共同利益以及地球生物圈的整体利益。由此可知，生态利益是包括人类在内所有生物体的利益。事实上，这意味着生态利益不仅包括人类的生存利益，而且在一定程度上又高于人类的生存利益。因此，人类的经济活动应当把生态利益放在优先考虑的位置，一切经济发展决策也应当把生态利益置于首位。

经济利益应服从生态利益的要求。从生态系统整体性视角来看，经济利益统一于生态利益，这是生态经济发展的客观现实要求。生态经济的显著特点就是经济发展必须限制在生态可承载范围内。因此，经济发展不仅要求人们充分认识和科学利用自然生产力，而且也要对社会生产力具有充分的认识，并使它们成为生态经济发展的共同推力和综合动力。

生态利益和经济利益相统一，也要求我们在生态经济发展过程中正确处理全局利益和局部利益、长远利益和眼前利益之间的矛盾，实现生态经济的可持续发展。

五、生态经济秩序呼唤生态理性回归

不同的价值理论取向会造成不同的社会实践后果，而在实践中所遭遇的困难和问题往往又迫使人们在理论导向上进行追问和反思。地球生态环境问题的不断加剧乃至恶化，促使人们不断反省环境污染、资源破坏和生态退化等生态灾难的原因、后果及相关理论问题，也迫使法学理论界重新审视和评估传统法学理论和法律制度所灌输的主导价值观和利益观对人们思想和行为引导的价值和意义。传统的道德伦理观是以人类自我价值利益为中心去认识世界和自然的，在方法论上它以人类利益优先为逻辑起点。因此，以人类利益为中心的价值判断作为依据构建起来的国家政策和法律规范，在其理论根源上也就充斥着自然和环境在人类绝对控制下处于被指使、被奴役和被利用状态的思想。

随着生态学和生态伦理学理论研究的不断拓展和在社会科学领域的逐渐应用，以及生态环境问题所导致的社会关系的改变和一些社会秩序的重建，人类开始以新的环境伦理观来构建一套面向维护和保持地球生态系统共同体各组分成员之间和谐共存的法学理论体系和法律规范机制。于是，法学先哲们渐渐认识到，"控制自然的人类中心观是导致地球生态危机的最深层次的思想理论根源"。基于生态环境问题的教训、经验和生态科学知识的认知，人类认识到，人类与其他地球自然物是共生、共荣和共损的关系，而不是超然、凌驾的关系。这种价值观的改变也将从认识理念上影响环境立法。人类对人与自然关系的重新认识是 20 世纪人类思想价值观念史上的一次巨大飞跃和变革，它促使人类对社会秩序变革的认识发生质的转变，从而影响到整个法律体系的变革。有学者认为："生态学的基本原理应当成为人类处理环境问题所遵循的基本原则，成为制定环境政策和立法的理论基础。"

第二节　生态保护优先原则的理论

一、生态保护优先原则的含义

随着我国生态文明战略的推进，生态文明法律保障体系建设也在不断完善，立法理念和价值追求也在相应地变革。因此，《中华人民共和国环境保护法》（以下简称《环境保护法》）与《中华人民共和国海岛保护法》（以下简称《海岛保护法》）都确立了保护优先原则，但对于保护优先原则的内涵，官方及理论界都没有做出具体诠释。对于生态保护与经济发展之间的关系，理论界都在使用"标签性"的用语（如生态优先、环境优先或生态保护优先等）来界定两者之间的关系，但它们是否是同一含义，其内涵有何区别与联系，具体哪个称谓更科学、合理，理论界对此目前鲜有系统而充分的论证，即使有也是很浅显的"智仁各见"。因此，从理论上探讨以上诸用语的基本内涵及它们之间的联系与区别，就显得尤为迫切。本书在分析、梳理了这些基本用语的基础上，选择了"生态保护优先"这一用语，并尝试对其从概念、含义等方面以无居民海岛生态保护为视角进行多学科、系统的探讨。

（一）"保护优先"并不是"生态保护优先"

《环境保护法》立法的基本原则为："环境保护坚持保护优先、预防为主、综合治理、公众参与、损害担责的原则。"《海岛保护法》规定："国家对海岛实行科学规划、保护优先、合理开发、永续利用的原则。"关于"保护优先"的含义，目前还没有官方解释，有学者给出了如下阐释：一是保护相对于开发利用来说，保护优先于开发利用，这一般是指自然保护区、风景名胜区和其他需要特别保护的区域；二是保护相对于污染治理来说，保护优先于污染治理，即先保护好未污染的区域，有条件再去治理区域；三是保护相对于恢复和改善来说，保护优先于恢复和改善。从实践运行层面来看，"保护优先"应该是针对第一种情况。

按此解释的逻辑推演，我们可做如下推断：第一，《海岛保护法》中的"保护优先"仅适用于实行特别保护的领海基点所在海岛、国防用途海岛、海洋自然保护区内的海岛等具有特殊用途或者特殊保护价值的海岛。第二，对于可经营性利用的无居民海岛而言，调整性的原则就是"合理开发"。"合理开发"的核心在于把握"合理开发"的"度"，而这个度量标准的确定就涉及利用对象的生态阈值，目前这是个世界性的科学难题，每个可利用生态系统的可承载能力都有其独特性和不确定性；以目前的生态科学理论来界定"合理开发"的"度"是很困难的，其结果仍是陆地单一资源要素利用效率模式的再版，其立法理念仍是"经济优先"的延续，其结果仍是经济利益主导下的生态环境退化甚至恶化。第三，导致此生态代价的原因在于，"保护优先"含蓄、抽象的语言可让不同的社会主体有不同角度的合理解释，这就会引发无端的猜测、争议甚至混淆。对于"经济理性"的使用主体而言，在没有强制性规范的约束下，模棱两可的"保护优先"永远制衡或协调不过"合理开发"。对于管理者而言，监督管理永远抗拒不过管理背后的利益诱惑。

总之，"保护优先"这一原则根本不是解决生态保护与经济发展关系的完整原则。处理两者之间关系的完整原则应当是：当生态保护与经济发展客观上不能兼顾或矛盾不可调和时，应当置生态保护于优先地位，一切都应让位于生态保护，这才是"生态保护优先"，因此，"保护优先"绝不是"生态保护优先"。

《海岛保护法》虽确立了"保护优先"这一原则，但这是个极其抽象、含蓄的原则，并且官方及理论界鲜有人对其进行说明、解读和论证。从本质上看，该原则并不是真正意义上可以用来处理无居民海岛保护与使用关系的原则。因此，从理论上探讨适合于无居民海岛保护的生态保护优先原则的基本内涵就显得尤为迫切。自我国实施生态文明制度建设以来，理论界都在频繁地使用生态保护优先原则，却很少有人对此进行系统且全面的阐述，尤其是针对无居民海岛的使用与保护。因此，本书对生态保护优先原则从概念、内涵及历史发展脉络等方面进行了全新的、系统的探讨。

（二）"生态保护优先"用语的甄别与选择

生态保护是生态系统保护的简称，是生态学原理的生态系统理论和管理实践在社会学科领域的应用和推演。对于"生态保护优先",有学者称为"生态系统优先权""生态优先""环境优先""环境保护优先"等,但上述称谓的基本含义都强调,在社会经济发展中,当经济发展与生态利益需求之间的矛盾不可调和时,应优先考虑生态利益,并且把生态利益作为指导、调整人与自然关系的基本准则。

"生态保护优先"和"生态优先"是同义词。本书使用"生态保护优先"而不使用"生态优先"是因为无论进行生态保护还是资源开发,其前提都是必须先对行为对象所依赖的生态系统进行科学评估,再依据评估的客观结果进行保护、利用,所以"生态保护优先"是对任何资源所依存系统的客观生态情况的优先考虑或评估,同时在对利用对象系统评估之后,对不适合经济开发的多功能、多价值的资源对象,应优先于经济活动给予保护。因此,"生态优先"与"生态保护优先"并不是前后相承、上下相接的关系,而是同一概念用语。

基于对上述用语共性特点的基本评价,本书选择使用"生态保护优先"术语,除了相近称谓的共性特点,还有"生态保护优先"本身所具有的特质。

第一,"生态保护优先"的基本范畴是生态系统,优先维护生态系统的平衡与稳定是系统产生一切利益的根本。生态系统在于其整体性和系统性,每一个整体都是一个完整的系统。系统内的各组分或要素之间相互依存、相互作用、相互制约,共同构成一个整体,若改变其中的任一组分,必然会对其他部分甚至整体产生直接或间接的影响。生态系统平衡是一种动态平衡,维持生态系统平衡是有条件和限度的,若对系统的干扰超过其生态阈限,将会引起系统生态失调、退化乃至崩溃。

第二,生态系统整体优先于其个体。人与自然同处于地球生态系统中,生态系统是人类生命的支持系统,人类依赖生态系统提供的各种生态功能和生态服务维持其生命的存在,而这种生存在生态系统中体现为:在平衡、稳定的生态系统中,人与自然中的所有个体都在最大限度地扩展自己,不受其他任何力量的限制而推动着生态系统。事实上,生态系统的所有成员都有着足够却又受到限制的生存空间。系统强迫个体相互合作,并使所有个体都密不可分地相互联系在一起。人作为生态系统中的个体或主体是重要的,但如果重要到使其赖以生存的生态系统结构破坏或功能退化乃至停止运行,那么人类还能生存吗?目前,人类已经自食恶果,危及生存了。因此,人类主体的贪婪行为已受到生态系统的充分抑制,也就是说,系统个体必须适应系统整体才能健康、快乐地生存,即生态系统整体优先于其个体。

第三,生态系统的监测、评估优先于任何资源的保护或使用。自然资源如同人类依赖的生态系统一样,也是构成生态系统整体的个体。人类对自然资源(包括生物资源和非生物资源)的任何利用活动,都会对其依赖的生态系统造成影响,所以人们在对资源利用之前必须依靠相应的技术手段对其依赖的生态系统进行监测、评估，若系统健康，满足利用要求，那么再确定其最大可持续利用量；若系统生态特性脆弱，需要进行生态保护或修复，那就意味着不能对其进行资源利用。因此，对资源的利用或保护，是由资源所依存的生态系统的客观特性决定的。在此意义上，生态系统的监测、评估优先于任何资源的保护或使用。

第四，"生态保护优先"必须摒弃狭隘的惯常从环境预防、治理或救济切入的思维路径。例如，"环境优先"意味着禁止现存环境遭受更恶劣的破坏，而"环境保护优先"则更多的是意味着预防，而预防可以完全避免损害的发生。人们对环境本身的损害不可避免地会时有发生，纯环境损害的救济变得必不可少，因此，在处理经济增长与生态环境保护之间的关系问题上，应确立生态环境保护优先的法律地位。

上述或预防或救济或治理的观点都体现了生态环境保护的共性，其本身的内涵并无实质性差别，无所谓哪个术语更科学，只是称谓不同而已，但这些称谓从侧面反映了环境法学界的一个习惯式思维方法，就是一谈到环境问题，总是泛泛地从经济增长与环境保护之间的矛盾出发，先把两者绝对地对立起来，再确立环境优先的保护地位。实际上，在社会经济发展中，并非所有的经济增长都和生态环境相冲突，也不是两者永远处于水火不容的态势。从我国的国土空间规划来看，对那些生态环境良好、适宜经济开发的地区，仍是要发展经济生产力的；对那些生态环境特别或脆弱的地区，应该禁止或限制开发利用，实施生态补偿或生态修复。同时，我们主张生态保护优先是在人类进行任何活动之前首先要对实施活动的对象进行生态评估，结合行为本身可能会对对象系统产生可预知或不可预知的风险或不确定性，然后根据客观情况，对适合开发利用的地区确定利用行为的最大可利用量，对不适合利用的地区不仅不能开发，还要进行生态保护或修复。主张生态保护优先的目的不是为了生态保护而保护，而是为了可持续地利用。目前已出现的、即将出现的或潜在性的生态环境问题，几乎都和资源的过度使用以及人们的生活方式密切相关，其本质都是超出了生态系统的承载能力而导致生态结构的破坏和生态功能的退化或丧失。要从根本上保持或恢复生态系统的结构和功能的平衡，在宏观上应从社会经济发展规划出发，制订不同行业的长期规划；在微观上必须针对不同的生态资源系统进行科学的监测、评估，并根据系统本身的特性或生态的可持续性进行相应的经济活动或生态保护，在利用或保护中对生态系统进行可持续性的管理，以达到对生态系统的可持续利用。

综上所述，本书研究路径的逻辑起点是生态保护优先原则和生态系统管理框架。作者认为，根据生态系统的原理与特性，使用"生态保护优先"术语更符合生态保护的本意，对生态保护的论证也会更深入、更科学。

二、生态保护优先原则的多维度阐释

优先通常是指当两种或两种以上的事物发生冲突或矛盾时按照特定标准或价值判断做出的取舍或排序过程。生态保护优先是指当经济利益与生态环境利益发生冲突时，其生态价值应优先考虑。

（一）基于生态保护优先的生态学阐释

基于生态学视角，对于生态保护优先的内涵，生态学家从多个角度对此进行了分析、阐释。与生态环境利益发生冲突时，其生态价值应优先考虑。

1. 生态系统的整体优先于系统内的个体，人类应遵循自然的发展规律，生态优先是指生态系统的整体优先于生存于生态系统中的各具特色的个体。人和自然同处于地球生物共同体中，人是生物共同体中的个体。在一个群落中，生物共同体是相应的生存单元，其完整性和稳定性对单元中个体的生存是首要的。生态系统促成了个体的选择适应，并限制了其个体的不适应。进化的、成熟的生态系统以多种复杂的、合理的且完美的方式，最大限度地促进个体的孕育、发展。第一，随机的偶然性和独特的历史性把每一个独特的有机体都限制在其环境中，这使得各个有机体的特性和命运都或多或少地不尽相同，人类的单一个体也是如此；第二，在漫长的地质年代里，进化的生态系统已稳健地把地球上的物种数量从零增加到了五百万种甚至更多，并使生物圈变得日益多样且复杂；第三，在物种数量增加的基础上，产生了生存于生态金字塔上层食物链的复杂个体，人类开始出现在自然生态之上，主体性生命成功地在客体性生命之上演替。生态共同体的完整和稳定演绎了对系统个体持续不断的选择，这是生态系统一种奇怪的、雍容大度的"优先性"。在地球生态共同体内，每个生态共同体成员都维护并促进生态共同体的稳定与繁荣；反过来，生态共同体又以其整体与系统的功能和作用促进每个生态共同体成员的发展。人类作为地球生态共同体的成员之一，应该遵循地球生态共同体繁衍昌盛的自然法则。

2. 自然的经济体系平衡优先于人类攫取自然资本利息。生态优先是指在自然经济体系和社会经济体系关系的范畴内，社会经济体系要从自然的经济体系内获取经济利益，必须满足从自然界获取健康生态系统的可持续性产出，而不损害到整体的恢复力或稳定性这一条。在该理论框架下，以生物资源利用为例：专家或生态学家必须首先确定对象生态系统中稳定状态下的生物种群水平，然后在不干扰或影响对象生态系统整体平衡的情况下，计算出每年大概的捕鱼量、森林的砍伐量或者系统每年吸纳废弃物的能力。因为生物的最大可持续利用量具有很大的不确定性，所以当我们用新型方式以反常离奇的节奏操纵大自然的时候，一定要谨慎小心。总之，该理论模式要人类必须学会在不破坏或可持续利用生态固定资本的情况下，从自然的经济体系中提取生态资本"利息"。

（二）基于生态保护优先的法学释义及评析

释义一，生态保护优先是在经济发展和生态建设对资源和环境的需求与竞争过程中，针对目前环境污染和生态破坏日益严重的局面提出的一种以扩大的人文关怀和"天人合一"为核心思想的发展原则或模式，其目标和价值取向与可持续发展思想相一致，主张经济过程与自然过程相协调，强调生态环境建设与资源合理利用在经济社会发展中的优先地位。生态保护优先是指当经济利益和生态利益在经济社会发展过程中产生冲突时，应优先保护生态利益。

释义二，有的法学者直接把生态保护优先称为生态保护优先原则，并把其作为环境法的基本原则。生态保护优先原则是生态学应用于各个学科领域后提出的一种应用原则，是指在处理经济增长与生态环境保护之间的关系问题上，确立生态保护优先的法律地位，并把其作为指导调整生态社会关系的法律准则。生态保护优先原则是生态经济学强调的生态合理性原则，即人类经济活动的生态合理性优先于经济与技术的合理性，具体内容包括生态规律优先、生态资本优先和生态效益优先三大基本原则，其核心是建立生态优先型经济，即以生态资本保值增值为基础的绿径经济，追求包括生态、经济和社会三大效益在内的绿色效益最大化，也就是绿色经济效益最大化。

释义三，也有法学者把生态保护优先称为保持和保存原则。保持的目的在于使自然环境要素处于可供人类持续利用的状态，而保存的目的则在于使生态系统、自然界其他历史或人文古迹处于原始状态。在保持的原则下，人类可以对自然界以及生态进行非开发性或非生产性利用；在保存的原则下，除了科学研究，人类不能对自然界以及自然生态进行一般性利用。

释义四，还有法学者把生态保护优先表述为环境保护优先原则，即在环境管理活动中，应当把保护环境放在优先的位置加以考虑，在社会的生态利益和其他利益发生冲突的情况下，应当优先考虑社会的生态利益。具体内容包括：第一，优先保护人的生命和健康，保障居民生活、劳动和休息的良好的生态环境；第二，当经济利益和生态利益发生冲突时，优先考虑生态利益的需要；第三，当利用一种或几种自然客体时，不应对其他自然客体和总体环境造成损害。

综上分析，这些对生态保护优先的理解反映了目前学界和政界的普遍认知，在一定程度上体现了人们对生态文明认识能力的提升，对生态环境保护有一定的推动作用。但这种对生态文明的认识仅仅是停留在问题的表面，肤浅而空洞，根本没有触及生态问题的实质和精髓。这种始终从人类自身的利益出发，希望保护业已受到威胁的人类生存环境并解决人与自然矛盾的思路值得怀疑——难道必须在经济与生态发生冲突时才优先考虑环境吗？此时生态已经或潜在被污染、破坏，这叫生态保护优先吗？按照这种生态保护优先逻辑，环境法律规范理念始终是末端治理，那么我们的生存环境还有未来吗？生态保护优先的本质或实质如何？对我们的制度或决策有何意义或价值？

（三）生态保护优先观

我们通过分析国内外环境立法规范发现，国外先进立法价值取向基本上都摒弃了经济优先并转而采用环境保护优先的理念，而我国现行的《环境保护法》尽管在内容表述上使用了保护优先的说法，但从本质上仍遵循了经济优先的传统价值理念。那么，我国的《环境保护法》究竟应该以抽象的"保护优先"还是以"生态保护优先"作为立法价值目标呢？回答这个问题之前，我们先来分析一下《环境保护法》的法益属性，然后其立法价值目标也就清晰了。

《环境保护法》与其他传统法律家族的成员不同，其立法目标在于确认和保护法域辐射范围内公民的环境利益。这种环境利益与传统法律所庇护的人身与财产权益不同，它所调整的关系不是传统法意义上的社会关系中人与人之间的关系，而是人与自然的关系。人们健康生存所需要的基本环境要素，如清洁的空气、水源、土壤等，这些客观内容不是传统法律所赋予人们的基本私权所能涵盖的，也不是设定公民环境权就能解决的问题，这些需求是人们健康生存所实际需要的客观环境利益状态。这些环境利益自从人类诞生之日起就始终伴随人类而客观存在，只是在这些环境利益介质没有被人类破坏之前，人们并没有意识到环境利益的客观存在，尽管环境利益是人类赖以生存的，但人们也不会主张基于环境利益所产生的权利，更不会把此利益上升为法益。随着时间的流逝，人口的剧增，人们的贪欲无限扩张，人们赖以生存的环境要素被破坏，生态危机频发并危及人们的健康生存，良好的环境利益逐渐变得稀缺。此时，人们的生态环境保护意识才会警醒，人们客观上的环境利益才会上升为主观上的利益保护，从而推动真正的以保护环境利益为立法价值目标的现代法意义上的《环境保护法》问世。《环境保护法》从本质上是保护环境的秩序法，其法益是保护全人类赖以生存的自然秩序和生态系统的平衡与稳定，要求人类对自然生态的干扰行为要遵守自然秩序规律。因此，《环境保护法》也应该符合自然运行价值规律的要求。保护人类生存环境的有序、和谐是立法的基本原则，一切导致生存环境无序、不和谐、不公平、不合理的行为都将是非法的。环境保护法的立法价值主要是保护良好自然环境秩序的实现。

　　生态环境利益的稀缺从经济学意义上可以导出优先分配原则，但在此考量的是竞争优先抑或环境利益优先的问题。按照西方传统经济学理论，稀缺将会产生竞争，竞争通过市场激励、优胜劣汰会导致资源的最优配置，从而达到弥补市场资源稀缺的结果。然而遗憾的是，环境利益稀缺就是市场有效性竞争的结果，因为由市场形成的价格并不包含环境损害成本，环境利益属于公共利益而不是市场私权利要素的构成要件，其价值本身是非市场价值，这就形成了市场资本属性与环境保护背道而驰的效应：资本的逐利本性追逐的市场利润越高，对生态环境的损害越大，而市场配置的效率优先又进一步加剧了环境利益的稀缺。由此可知，环境利益稀缺是由人类自身制造出来的，是环境资源的有限性与人类不加节制的掠夺性利用之间的矛盾长期冲突的恶果。面对这种恶果，人们为了保护赖以生存的生态环境，当然会舍弃竞争优先而求之于环境利益优先的政府配置。政府通过宏观调控或法律等措施规范或限制市场主体的行为，对有利于公共利益的环境要素进行保护。

　　此外，人们将生态利益与其开发利用的经济效益相比较，发现生态利益的损失远远超出其被利用的经济效益，因为生态利益的损失主要是由于其本身的易受损性所决定的。地球生态系统是由包括人类在内的生物与非生物构成的共同体，人类生存完全依赖于地球的生态系统及其提供的服务，包括食物、洁净水、调控疾病、调节气候、精神满足和美学享受。生态系统和人类福祉之间的关系是通过人类对人造资本、人力资本及社会资本的获取进行调节的。人类福祉和生态系统服务之间是一种线性关系，当一项服务稀缺时，其少量减少就可能导致人类福祉的大幅度降低，而损害生态系统服务可能牺牲更大的经济成本和公众健康成本。20 世纪 90 年代，纽芬兰渔场由于过度捕捞导致鱼资源枯竭，数万人因此失业，政府为此至少花费了 20 亿美元弥补损失；1998 年，印度洋因海水温度和酸度的升高出现了大规模的"珊瑚白化"事件，这在此后的 20 年至少造成了 80 亿美元的总损失；1997 年，南非开普植物保护区因为外来物种入侵每年净损失 9350 万美元，这还不包括生物多样性、水、土壤和美景等潜在利益的损失。生态利益易受损性的最大化与经济利益损失的少量化相比，决定了生态利益价值保护应处于优先地位。

　　从生态学方面考察，生态系统结构之间相互作用形成了生态系统功能，系统各结构单元依赖系统功能属性而维持自身的生存，系统内资源可利用的环境承载能力和生态系统的环境容量都存在生态阈值。因此，人类在进行开发建设活动、利用自然资源时，必须首先考虑环境承载力和环境容量限度，并秉承生态保护优先的理念。为人民营造一个清洁适宜的环境，保护人民健康，是环境保护法的根本任务，也是环境立法的出发点和归宿；环境保护法除受社会经济规律制约以外，根本上受自然法则、生态学规律的制约。此观点也阐释了环境保护法的真谛是生态保护优先。

基于实践活动视角，坚持经济优先还是生态保护优先或是两者并重，直接取决于不同的社会经济发展阶段。若社会发展尚处于满足温饱阶段，那么此时经济优先必然占主导地位；如果温饱问题已基本解决，国家有一定的经济能力去解决生态环境问题，此时国内的价值导向通常是经济优先与生态保护并重；如果公民生活达到一定水平，衣食无忧，已进入小康社会，此时人们关注的焦点已经不是经济增长而是舒适的环境和健康的生活方式，那么现实中的生态破坏和环境污染便会促使人们产生对生态保护优先的主观诉求和客观上实现其生态利益的愿望。借鉴国际经验，发达国家在人均GDP达到5000美元以上时开始进行经济发展转型，在环境保护方面会采取更严格的法律措施，在法律方面也开始实行环境优先或者生态优先原则。目前，我国的人均GDP已经超过5000美元，北京、上海等一线城市人均GDP已经超过10 000美元，如果还不实行生态优先原则，将错过挽救生态危机的最佳时机。

三、生态保护优先原则的历史追溯

生态保护优先的科学性和规范性随着时间的推移在越来越大的空间尺度上被人们所认知并实践。

（一）《联合国人类环境会议宣言》的生态启蒙

1972年，罗马俱乐部发表了题为《增长的极限》的研究报告。该报告所提出的"均衡发展""指数增长"等概念不仅给唯增长论的工业化发展逻辑敲响了警钟，而且在全球范围内引起了巨大的反响，并产生了广泛的争议，这也促使人们不得不对"增长"这一时代最经典的主题进行深刻的反思和检讨。其中，最可贵的思想就是：人类作为自然界的一部分和生物圈的一个组分而存在，并依赖自然生态系统而生存；人类不是大自然的主宰，不可能完全凌驾于自然演替的生态系统之上。因此，人类对自然资源的开发利用必须以不损害自然生态利益为前提条件。

1972年6月，联合国在瑞典首都斯德哥尔摩召开了第一次全球人类环境会议。这是联合国历史上召开的第一次研讨保护人类环境的专门会议，亦是人类第一次将环境问题纳入各国政府和国际政治事务的议程，此次会议被称为斯德哥尔摩会议，共有113个国家的1300名代表参加了该会议。除了各国政府代表团及政府首脑、联合国机构和国际组织代表。还有民间的科学家、学者和劳动者参加本次会议。这次会议第一次把环境问题提高到全球议事日程，开启了关于环境问题的国际性对话、合作和讨论，环境问题自此正式成为国际性事务。会议广泛研讨、总结了有关保护人类环境的理论、历史和现实问题，制定了相应的对策和措施，并通过了《联合国人类环境会议宣言》和《人类环境行动计划》等全球性环境保护的文件。《联合国人类环境会议宣言》从发展与维护环境的关系出发，警示人们如果不立即着手环境治理，环境污染和生态系统损害将带来全球毁灭的后果；宣告人类只有一个地球，人类与自然环境共同组成了地球生物圈，是密不可分的统一共同体；呼吁为了生存人们都必须明确自己保护环境的责任。这次会议开创了人类社会环境保护事业的新纪元，是人类环境保护史上的生态启蒙大会。同年，第 27 届联合国大会把每年的 6 月 5 日定为"世界环境日"。

（二）可持续发展的生态宣示

联合国大会于 1982 年通过的《世界自然宪章》规定：应当避免那些有可能对大自然造成不可挽回的损害的活动；在进行可能对大自然构成重大危险的活动之前应先彻底调查，活动的倡议者必须证明预期的益处超过大自然可能受到的损害。如果不能完全了解可能造成的不利影响，活动不得进行。这种尊重自然的国际法规范与传统思维的人类中心主义形成了两种不同哲学路径的世界观和价值观，是对人类肆意攫取大自然而丝毫不考虑生态环境后果的掠夺性行为的约束和限制。

1992 年 6 月，联合国在里约热内卢召开环境与发展大会，亦称全球环境首脑会议。会议的宗旨是回顾第一次人类环境会议召开后 20 年来全球的环保历程，敦促各国政府与民众采取积极措施，共同保护人类的生存环境，普及可持续发展的观念。大会通过了以可持续发展为核心的《里约环境与发展宣言》（以下简称《宣言》）、《21 世纪议程》和《关于所有类型森林的管理、保存和可持续开发的无法律约束力的全球协商一致意见权威性原则声明》（以下简称《关于森林问题的原则声明》）等文件。《宣言》确立了可持续发展的观点，围绕可持续发展主题设计了可持续发展的总体构想以及国际社会和各国在保护环境方面应采取的措施，表达了加强世界各国合作、共同解决环境问题的愿望。《宣言》提出了关于环境与发展问题的 27 项原则，这 27 项原则中有多项原则直接提到了可持续发展。例如，原则 1 宣称，可持续发展关注的焦点是保护人类，人们有权享有健康、富足的与自然和谐共存的生活；原则 3 指出，可持续发展的实施应满足当代与后代的环境与发展的公平；原则 4 提出，为了实现可持续发展，环境保护工作应是发展进程的一个整体组成部分；原则 5 号召所有国家和人民合作完成可持续发展的一个重要任务——消除贫困，以满足世界上大多数人口的生存需求；原则 8 提出，为了实现可持续发展，使所有人都享有较高的生活质量，各国应当减少和消除不可持续的生产和消费方式，并且推行适当的人口政策。除了以上几项原则直接提到可持续发展，《宣言》所确立的其他原则也都是可持续发展理念的体现。

《21世纪议程》是对《宣言》的进一步细化。其内容涵盖了社会经济、促进发展的资源保护和管理以及加强主要团体的作用和实施手段等各方面，是一个应用性的法律文件。《21世纪议程》要求各国制定并组织实施相应的可持续发展战略和政策，迎接人类社会面临的共同挑战，这一战略思想被世界各国所接受，并成为世界各国促进全球可持续发展的一个共同的行动准则。

《关于森林问题的原则声明》围绕林业的可持续发展展开，其主要内容包括：第一，林业这一主题涉及整个环境与发展范围内的问题和机会，包括社会经济可持续发展的权利在内；第二，这些原则的指导目标是要促进森林的管理、保护和可持续开发，并使它们具有多种多样和互相配合的功能和用途；第三，关于林业问题及其机会的审议应在环境与发展的整个范围内总体且均衡地加以进行，要考虑到包括森林传统用途在内的多种功能和用途，当这些用途受到约束或限制时可能对经济和社会产生的压力，以及可持续的森林管理提供的发展潜力；第四，这些原则反映了有关森林问题的第一个全球性一致意见，各国在对迅速实施这些原则做出承诺时也决定，不断评价这些原则对推进有关森林问题的国际合作是否允当；第五，这些原则应适用于所有地理区域和气候带内的森林，即亚寒带、寒带、亚温带、温带、亚热带和热带的所有类型森林，包括天然森林和人工森林；第六，所有类型的森林都包含各种既复杂又独特的生态进程，而这些进程是促使它们目前有能力和可能有能力提供资源来满足人类需要以及环境价值的基础，因此，良好的森林管理和保护是拥有这些森林的国家政府所关切的问题，并且对当地的经济和环境也十分重要；第七，森林是发展经济和维持所有生物生存必不可少的自然资源；第八，森林的管理、保存和可持续开发是各联邦国家、州、省和地方一级政府的责任，而且每个国家应根据其宪法或国家立法在适当的政府级别上实行这一原则，除了《宣言》《21世纪议程》《关于森林问题的原则声明》，里约热内卢会议另外签署的两部重要公约同样秉持了可持续发展的基本理念。例如，《气候变化框架公约》第二条规定：将大气中温室气体的浓度稳定在气候系统可承受的范围内。为了实现上述目标，公约第二条还规定了五项贯彻和落实可持续发展原则的具体原则，分别为：第一项原则要求为人类当代和后代的利益保护气候系统，并要求发达国家缔约方率先采取行动应对气候变化及其不利影响；第二项原则要求充分考虑发展中国家的愿望和要求；第三项原则为风险预防原则与成本效益原则，规定当气候系统存在严重和不可逆转的损害的威胁时，不应当以科学上没有完全的确定性为理由推迟采取预防措施；第四项原则指出各缔约方有权而且应当促进可持续发展；第五项原则是关于国际合作原则的体现，强调这种合作的目的是促进建立有利于各国，特别是发展中国家经济可持续增长的国民经济体系。《生物多样性公约》是一项保护地球生物资源的国际性公约，于 1992 年由联合国环境规划署发起的政府间谈判委员会第七次会议通过，由各签约国在巴西里约热内卢举行的联合国环境与发展大会上签署，为生物资源和生物多样性的全面保护及可持续利用建立了法律框架。该公约的目的有三：其一是保护生物多样性；其二是生物多样性组成成分的可持续利用；其三是以公平合理的方式共享遗传资源的商业利益和其他形式的利益。为了实现可持续发展，该公约第二条专门指出了"持久使用"的定义，即使用生物多样性组成部分的方式和速度不会导致生物多样性的长期衰落，从而保持其满足今世后代的需要和期望的潜力。

总之，1992 年在里约热内卢召开的环境与发展大会确认了环境保护的全球性质及环境保护与发展的不可分割性，标志着人类对环境与发展的认识提高到了一个崭新的层次，是可持续发展理论走向实践的一个转折点。此后，一系列保护自然生态系统的国际性公约相继出台，如联合国环境与发展大会于 1992 年通过了《21 世纪议程》，同年又通过了《气候变化框架公约》《生物多样性公约》等文件。这些国际法规范促进了世界性的非持续经济增长模式向生态与经济可持续的复合系统发展模式转变，要求各成员国对全球范围内已经很脆弱的生态系统实施优先保护和修复。这些国际性原则规范的实质内涵，都是国际法先行，然后世界各国吸收其精神，根据本国的政治经济发展状况、社会文化历史条件等具体情况在国内法中得以体现。

（三）绿色发展的生态系统整体性保护

作为不同时期所坚持的发展观，科学发展观、绿色发展观与可持续发展观之间存在着一脉相承又层层递进的关系。科学发展观是可持续发展观在发展战略上的延伸和深化，而可持续发展观是科学发展观中最为主要的内容，是树立和落实科学发展观的关键和基础。绿色发展观不但坚持了科学发展观中关于可持续发展的观点，而且将绿色发展直接上升到总体性的发展战略层面，是对科学发展观中绿色发展的升华。

2003 年 10 月，中国共产党第十六届三中全会通过了《中共中央关于完善社会主义市场经济体制若干问题的决定》，提出了坚持以人为本，树立全面、协调、可持续的发展观和统筹城乡发展、统筹区域发展、统筹经济社会发展、统筹人与自然和谐发展、统筹国内发展和对外开放的思想，明确了完善社会主义市场经济体制的目标和主要任务，深刻阐述了科学发展观。这是党的正式决议中第一次提出科学发展观。

2007 年 10 月，中国共产党第十七次全国代表大会对科学发展观的时代背景、科学内涵和精神实质进行了深刻阐述，对深入贯彻落实科学发展观提出了明确要求。科学发展观的第一要义是发展，核心是以人为本，基本要求是全面协调可持续，根本方法是统筹兼顾。科学发展观必须坚持把发展作为党执政兴国的第一要务，必须坚持以人为本，必须坚持全面协调可持续发展，必须坚持统筹兼顾。深入贯彻落实科学发展观要始终坚持一个中心，两个基本点的基本路线，积极构建社会主义和谐社会，继续深化改革开放，切实加强和改进党的建设。

2010年10月，中国共产党第十七届五中全会通过的《中共中央关于制定国民经济和社会发展第十二个五年规划的建议》提出在当代中国，坚持发展是硬道理的本质要求就是坚持科学发展的重大论断；并且明确指出，制订"十二五"规划必须以科学发展为主题，以加快转变经济发展方式为主线。这是我国第一次在五年规划中明确提出把科学发展观作为主题，是对科学发展观认识的提升，标志着对中国发展规律认识的进一步升华。

2012年11月，中国共产党第十八次全国代表大会要求全党同志更加深入地学习科学发展观，进一步增强贯彻落实科学发展观的自觉性和坚定性，不断完善贯彻落实科学发展观的体制机制，把科学发展观贯彻到我国现代化建设的全过程，体现到党的建设的各方面。至此，科学发展观形成了一个相对完整的理论体系。中国共产党第十八届五中全会通过的《中共中央关于制定国民经济和社会发展第十三个五年规划的建议》在绿色发展观与科学发展观之间搭建了一座桥梁，在坚持科学发展观不变的前提下进一步细化了绿色发展理念。它是指导我国改革发展的纲领性文件。实现"十三五"时期发展目标，破解发展难题，厚植发展优势，必须牢固树立创新、协调、绿色、开放、共享的发展理念。这五大发展理念丰富和发展了我们党关于发展的思想理论，是对科学发展观的新突破、新发展，是对党中央治国理政新理念、新思想、新战略的概括和总结。绿色发展是推动低碳循环发展，全面节约和高效利用能源，加大环境治理力度，筑牢生态安全屏障，是坚持绿色富国、绿色惠民，为人民提供更多优质生态产品，推动形成绿色发展方式和生活方式，协同推进人民富裕、国家富强、中国美丽。

作为五大发展理念之一，绿色发展同已有的可持续发展和生态文明建设相比，其主要特点表现在时间的对应性上，即直接瞄准"十三五"时期的发展目标和任务；在内容上侧重突出"绿色发展"，直接针对现存的问题和短板。绿色发展在思想上是一种战略理念，在实践中是一个系统工程，包含着自身的逻辑，而且只有遵循这种自身的逻辑才能取得预期的成功。

发展是全人类永恒的话题，亦是全世界共同关注的问题。从蒙昧时期到文明时代，从农耕经济时代到新经济时代，从工业革命到信息革命，从黑色发展到绿色发展，人类经历了数次发展变革。在寻求发展方向、创新发展方式的同时，人类也跟随时代变迁不断探索、更新发展观念。我国对发展的认识经历了由现象到本质、由片面到全面、由表及里的推进，即从最初单纯追求经济发展、追求 GDP 而置环境损害、能源耗费于不顾，到逐步认识到环境保护、能源节约关乎生死存亡，经济发展不得以牺牲环境为代价。在充分认知的基础上，对发展理念进行了与时俱进的修正、充实、完善，从可持续发展、科学发展到绿色发展理念的演进无疑是对发展认知逐步深化最好的例证。绿色发展理念充分尊重发展的基本规律，是把马克思主义生态理论与当今时代发展特征相结合，又融汇了东方文明而形成的新的发展理念。绿色发展理念以生态系统整体保护为目标，以市场为导向，以生态产业经济为基础，以科技创新为动力，以建构人与环境和谐为目的，是将生态文明建设融入经济、政治、文化、社会建设各方面和全过程的全新发展理念。它通过加快国民绿色价值观念的转变，促进绿色生产方式的转变，加快绿色生活方式的养成，大力普及绿色文化与科技，完善绿色发展的制度建设等路径，全面贯彻、实践绿色发展理念，引领我国走向永续发展、生态文明发展的新道路。

（四）生态文明彰显生态保护优先的理论精髓

绿色发展是生态文明建设的应有之义。中共十八大首次将绿色发展作为推进生态文明的主要方式。2015 年 4 月，党中央、国务院在《加快推进生态文明建设的意见》中提出，坚持把绿色发展、循环发展、低碳发展作为生态文明建设的基本途径。在此基础上，绿色发展被列入"十三五"规划的核心理念，提出坚持绿色发展，加快建设资源节约型、环境友好型社会，形成人与自然和谐发展的现代化建设新格局，推进美丽中国建设，为全球生态安全做出新贡献。2015 年 9 月，自党中央、国务院制订并发布《生态文明体制改革总体方案》以来，生态文明与绿色发展制度建设得到了迅速发展。

生态文明与绿色发展在我国已经深度融合，生态文明作为一个历史发展新形态有其发展的历史轨迹。

我国资源环境问题的类型、程度及其影响状况与工业化和城市化进程及经济发展方式息息相关。我国在 20 世纪 90 年代中后期进入重工业和快速城镇化阶段，资源环境与经济发展之间的矛盾也开始加剧。生态环境形势开始从局部恶化，总体基本稳定，进入局部改善，总体恶化尚未遏制，压力持续增大的状态。中共十五大指出，人口增长、经济发展给资源环境带来巨大的压力；中共十六大强调，生态环境、自然资源和经济社会发展的矛盾日益突出；中共十七大认为，经济增长的资源环境代价过大，首次提出建设生态文明，基本形成节约能源资源和保护生态环境的产业结构、增长方式、消费模式，循环经济形成较大规模，可再生能源比重显著上升，主要污染物排放得到有效控制，生态环境质量明显改善，生态文明观念在全社会牢固树立的新理念；中共十八大以来，在生态文明思想的指引下，人民群众对优美生态环境的需要在新时代社会主要矛盾中得以充分体现，社会主义生态文明建设成为中国特色社会主义道路、理论体系、制度和文化的重要组成部分。

生态文明建设理论是我国的理论创造，社会主义生态文明思想具有深厚的历史渊源，其主要源自三方面的理论与实践。一是源自对马克思主义关于人与自然关系思想的继承和发展，是对人类社会发展历史中处理人与自然关系问题的经验教训的总结和理论提升，即坚持人与自然和谐共生。这是生态文明建设的基本理念和方略。二是源自全面深化改革和全面依法治国思想及其实践，即用最严格的制度和最严密的法治保护生态环境。这是生态文明建设的制度和路径保障，必须通过完善生态环境治理体系和提升治理能力来实现。三是源自自然科学和社会科学理论基础。生态文明的逻辑起点是工业文明所带来的资源环境问题及其与经济、政治、文化、社会发展的关系问题，两山论、生态环境民生福祉、生命共同体、全球共赢等思想是对环境与经济、环境与社会、环境与全球环境治理、环境与政治之间的关系及其规律和生态环境科学理论的深刻把握，是生态文明建设的方法和依据。

从中共十七大提出生态文明建设开始，特别是中共十八大以后，以五位一体总体布局、四个全面战略布局和绿色发展理念为标志，我国对环境与经济规律及其相互融合发展战略安排与实践的认识发生了系统性的飞跃。当经济进入新常态，从高速增长阶段转向高质量发展阶段，我国环境与经济关系状况就发生了全局性和根本性的变化。环境成为资源，具有自然资本的价值，是高质量发展的生产要素，与土地、技术等要素一样，是影响高质量发展的内生变量。同时，优美生态环境也是高质量发展的结果，是衡量高质量发展的标准。优美的生态环境与高质量的经济是发展的两个基本内涵，它们相辅相成，互为一体。这就是"绿水青山就是金山银山"的环境经济学理论内涵。由此，生态文明建设进入"五位一体"总体布局和新发展理念之中，成为新时代新征程中的重要战略目标和战略任务。社会主义生态文明出现在中国特色社会主义事业的总体布局中，推动生态环境保护发生了历史性、转折性、全局性变化。

关于生态环境与经济发展的辩证关系问题，习近平总书记指出，正确处理好生态环境保护和发展的关系，也就是绿水青山和金山银山的关系，是实现可持续发展的内在要求，也是推进现代化建设的重大原则。生态环境保护的成败，归根结底取决于经济结构和经济发展方式。经济发展不应是对资源和生态环境的竭泽而渔，生态环境保护也不应该是舍弃经济发展的缘木求鱼，要坚决摒弃损害甚至破坏生态环境的发展模式，坚决摒弃以牺牲生态环境换取一时一地经济增长的做法，让良好的生态环境成为人民生活的增长点，成为经济社会持续健康发展的支撑点，成为展现我国良好形象的发力点。贯彻创新、协调、绿色、开放、共享的发展理念，加快形成节约资源和保护环境的空间格局、产业结构、生产方式、生活方式，给自然生态留下休养生息的时间和空间，建立以产业生态化和生态产业化为主体的生态经济体系，全面推动绿色发展。

关于生态文明与全球环境治理的关系，共谋全球生态文明建设就是人类命运共同体思想的具体体现。国际环境保护发展进程起步于 1972 年联合国人类环境会议，以 1992 年、2002 年和 2012 年三次首脑峰会为标志，不断推进和发展，并逐步形成了旨在推动国际社会环境合作为主要内容的全球环境治理体系。我国是国际环境保护发展进程的重要推动者，全球环境治理体系的积极参与者，做出了重要贡献，也获得了很大收益。随着我国经济实力和综合国力进入世界前列，我国国际政治经济地位实现了前所未有的提升，我国在国际环境保护发展进程和全球环境治理体系中的地位和作用也出现了历史性、转折性的变化。这一变化意味着在国际环境保护发展进程和全球治理体系中，我国从积极参与进程走向主动引领进程，从与国际接轨走向开创新机制，从遵守规则走向维护和制定规则，从"引进来"走向"走出去"。在这一重大转折的历史节点，提出了坚持推动构建人类命运共同体的思想，而共谋全球生态文明建设就是构建人类命运共同体思想的具体体现。早在 2013 年就指出，保护生态环境、应对气候变化、维护能源资源安全是全球面临的共同挑战，中国将继续承担应尽的国际义务，同世界各国深入开展生态文明领域的交流合作，推动成果分享，携手共建生态良好的地球美好家园。在 2015 年第 70 届联合国大会上提出，建设生态文明关乎人类未来，国际社会应该携手同行，共谋全球生态文明建设之路。人口规模、现代化进程及其资源环境问题的特殊性决定了我国生态文明建设一方面需要依靠国际社会的合作，另一方面对全球的可持续发展进程发挥着重要的示范带动作用，具有提供中国智慧和中国方案的意义。正如在 2018 年全国生态环境保护大会上所强调的共谋全球生态文明建设，深度参与全球环境治理，形成世界环境保护和可持续发展的解决方案，引导应对气候变化国际合作。

四、生态保护优先原则的具体内容

通过以上陈述、比较和分析，生态保护优先原则要求摒弃始终以人类自身的经济利益作为出发点来保护我们已受到威胁的生存环境的思想，因为这种解决人与自然矛盾的思路不会带来预期的结果。我们必须从生态系统本身的结构逻辑出发，发现其内在的运行机理和规律，并在遵循和满足其平衡运行的前提下，发掘自然资源的价值和生态服务功能。为此，本书认为，生态保护优先应该以生态学理论为基础，以生态系统原理为逻辑起点，以生态系统管理为实践路径，以认识生态系统自身的生态运行规律为前提性、基础性的手段或工具，探寻人类活动对生态系统的影响以及干扰程度，以期获得生态系统的最大可承载力的科学信息，并约束、规范人类的行为，使其遵循生态系统的平衡管理机理，使人类获得最大可持续"量的生态利益"，使人与自然和谐相处。

对于生态保护优先的基本内涵，本书认为，生态系统整体优先于个体，生态系统自身结构的不确定性优先考虑"非干扰性因素"，自然经济系统优先于社会经济系统，社会生态标准优先于经济理性标准，自然秩序模式优先于建构人类经济行为秩序，生态利益优先于经济利益。

（一）生态系统整体优先于个体

生态系统整体性理念是建立在生态系统各个部分的不可分割性和各环境要素的整体演化规律基础之上的对自然的认知。地球生态系统共同体是包括人类在内的所有生命物种和非生命物质的整体，其内部个体按照自然法则有机地构成一个生态系统，人类同其他生物、非生物一样作为系统内的个体而存在。也就是说，任何一个完整的生态系统都是由无生命物质、生产者、消费者和分解者四部分组成的，缺一不可。系统内任何一种生物资源或非生物资源总是与其依存的生态系统或系统环境一起存在，整体是个体赖以生存的基础。人类是生态环境中的一员，离不开其所依赖的生态系统，因此，人类同系统内其他的生物个体和非生物个体一样，都应该优先尊重个体生存所依赖的生态系统。

生态系统整体性优先于个体。对此，我们可以从以下四方面来认识：第一，生态整体性认识不仅要承认存在于自然客体之间的相互依赖关系，而且要把物种的整体和生态系统的共同体作为关注点。第二，要保持生态系统整体的结构平衡必须尊重并保护整个生态系统的完整和各个组成部分、要素之间的平衡，因为整体性意味着生态系统的任何一个组成要素或部分都具有不可替代的地位和功能，应当受到尊重和保护，即尊重生态系统整体性是保证生态系统完整性、多样性的文明形态的前提和基础。第三，对生态系统的保护需要人类对其进行整体性、全球性的保护，这也意味着生态保护不是一个国家、一个地区的事情，而是一种全球性事务，需要整个人类的共同努力。第四，生态系统自身结构的演进性与不确定性要求优先考虑"非干扰性因素"。生态系统结构分析中存在很大的变化性、未知性和不确定性，这种状况在生态系统功能分析中更为突出。生态系统结构和功能分析的不确定性直接影响着生态决策，从而导致资源利用行为生态决策的不确定性。不确定性资源一旦被利用就意味着高生态风险，最明智的办法就是优先考虑非干扰因素，即保留不确定性资源区域，使其免受任何外界因素的干扰。

（二）自然经济系统优先于社会经济系统

自然经济系统优先于社会经济系统的价值重构是人类遭遇了自然生态系统危机之后得到的一种认知。

在生态系统中，自然环境中的某些要素具有双重性，它们既是环境要素，又是自然资源，如水、土地、生物、各种矿物资源等。因此，保护生态环境和合理利用资源具有内在联系。生态环境与资源相互联系、相互制约，共同构成一个生态系统。因此，保护生态系统的平衡与稳定就是在保护每个资源要素组分的功能效用最大化。在此意义上，各自然资源单行法就是自然资源所依赖生态系统的生态优先保护法。

法律的立法目的和立法原则是体现立法价值理念和本质的精髓。《中华人民共和国森林法》（以下简称《森林法》）的立法目的是保护、培育和合理利用森林资源，加快国土绿化，发挥森林蓄水保土、调节气候、改善环境和提供林产品的作用，适应社会主义建设和人民生活的需要。其中，第五条规定：林业建设实行以营林为基础，普遍护林，大力造林，采育结合，永续利用的方针。《中华人民共和国草原法》（以下简称《草原法》）的立法目的是：保护、建设和合理利用草原，改善生态环境，维护生物多样性，发展现代畜牧业，促进经济和社会的可持续发展。其立法原则为国家对草原实行科学规划、全面保护、重点建设、合理利用的方针，促进草原的可持续利用和生态、经济、社会的协调发展。《中华人民共和国水法》（以下简称《水法》）的立法目的是：合理开发、利用、节约和保护水资源，防治水害，实现水资源的可持续利用，适应国民经济和社会发展的需要。其立法原则为开发、利用、节约、保护水资源和防治水害，全面规划，统筹兼顾，标本兼治，综合利用，讲求效益，发挥水资源的多种功能，协调好生活、生产经营和生态环境用水。《中华人民共和国土地管理法》（以下简称《土地管理法》）的立法目的是加强土地管理，维护土地的社会主义公有制，保护、开发土地资源，合理利用土地，切实保护耕地，促进社会经济的可持续发展。其立法原则为：国家实行土地用途管制制度；国家编制土地利用总体规划，规定土地用途，将土地分为农用地、建设用地和未利用地；严格限制农用地转为建设用地，控制建设用地总量，对耕地实行特殊保护。

传统自然资源法律理念都是把经济利益优先作为立法目标和价值取向，以单一资源效用最大化为管理手段，不仅普遍缺少自然资源整体性与系统性的认知，而且更缺少生态系统管理的路径和方法，严重忽略了自然资源所承载的生态价值服务功能，而这些因素正是导致陆地环境资源被破坏、生态危机的根源所在。从自然资源价值认知的角度考察，自然资源本身具有的多功能、多用途属性决定了其也具有多价值属性，而人们对自然资源的多功能价值属性存在认识上的误区或片面性，传统上只重视其作为商品进行市场交换所体现的经济价值，而完全忽视了其非市场价值，即生态价值和社会价值。自然资源的双重属性价值就如同一枚硬币的正、反两面，即一面具有经济价值功能，而另一面又具有体现其生态价值和社会价值的公共物品属性。但其公共物品属性是一般的市场价格和价值理论所不能涵盖和度量的，比如，森林作为重要的自然资源要素，既具有提供木材、能源、多种林副产品等满足市场需要的经济价值，也具有涵养水源、防风固沙、调节气候、减少污染、净化空气等多方面的非市场价值。这也解释了长期以来一些自然资源作为环境公共物品被免费使用的真正原因。

值得深思的是，尽管自然资源的非市场价值（即生态价值和社会价值）不能通过市场交换来具体呈现，但其实际发挥的重要生态和社会功能却不容忽视。例如，森林除了具有经济价值，还具有珍稀物种、自然景观、名胜古迹等能够满足人们审美、欣赏、陶冶情操等精神文化需求的价值。但这些非市场价值所产生的生态服务价值不仅难以用货币来度量，而且也无法在我们的经济价值评价指标体系（如 GDP）中体现。正是由于国民经济评价体系的非科学性，市场经济体制下的理性，人尽管也乞求良好的生存环境，但出于经济利益的驱使，仍无规划、无节制、过度地掘取自然资源的经济价值，轻视甚至无视生态系统的服务价值和社会功能，这种掠夺性的使用正是导致资源枯竭的根源。然而，自然资源的生态服务价值和社会功能价值要比其经济价值高得多。有学者测算出，我国长江流域的森林资源可直接利用的经济价值为每年 0.197 万亿元，而其生态服务价值则高达 2.1 万亿元，两者之比约为 1∶11。1997 年，Robert Costanza 等人在《自然》杂志上发表了《世界生态系统服务价值和自然资本》一文，首次系统地对全球生态系统服务与自然资本的价值进行了研究，测算出全球生态系统服务功能每年的总价值为 16 万亿～54 万亿美元，平均为 33 万亿美元，是 1997 年全球 GNP 的 1.8 倍。

目前，我国自然资源立法价值取向反映了人们重视自然资源利用的经济价值而严重忽视自然资源所赋存的生态价值，人为地分裂了自然资源利用与其生态保护之间的辩证统一关系，人为地割裂了自然资源经济价值与其生态价值本身所固有功能的共存性价值，而正是由于主观认知上存在对自然生态价值规律认识的缺陷才导致实践中产生生态危机的后果。严峻的环境污染和生态破坏现实客观上要求人们必须改变重自然资源的经济价值而轻视甚至忽视其生态价值的传统理念，在自然资源多价值属性的不同历史发展阶段的谁轻谁重、谁先谁后的评价过程中，人们应该以生存健康和生态利益的稀缺作为评价的标准。目前，经济发展在满足了人们小康生活的条件下，与生态利益的稀缺和人们对良好生存环境的渴望产生了矛盾。在这种情况下，我们应该把生态利益和社会利益置于优先考量的位置，使经济利益服从生态利益和社会利益的发展要求，并运用法律制度、生态经济机制来引导人们有规划地科学利用自然资源。

自然经济体系和社会经济体系是相互作用的。人类经济体系是自然经济系统的子系统，经济系统依赖于自然系统，经济事件反过来又影响自然环境系统，而自然环境变化又会影响经济系统。自然经济系统对人类的重要性既表现在自然界对于人及其意识的先在性上，也表现在人的生存对自然界本质的依赖性上，更突出地表现在人对自然界及其物质的固有规律性的遵循上，而人类目的的每一次实现恰恰都是人遵从了自然及其规律的结果。

（三）社会生态标准优先于经济理性标准

从自然资源单行法的立法目的和立法基本原则可以洞察出我国自然资源法律架构的共同特点。

从环境资源法调整的法律关系来看，它仍然体现的是人与人之间的社会关系，并没有充分反映环境资源法律的实质性特点。环境资源法律与传统法律规范虽有共性，但也有其本身的特质。前者虽也具有传统法律所调整的人与人之间的人身和财产关系的共性，但主要是调整传统法律无法调整的人与人之间关系背后的人与自然和谐共存的关系。以水资源的利用为例，随着人口的急剧膨胀，水资源的有限性和人口增长的无限性之间存在着矛盾。《中华人民共和国水法》是从法律形式上调整有限的水资源在人们之间有效分配、合理使用的问题，当水资源的使用发生经济纠纷或水污染造成人身或财产的损害时，受害人都可以依照《中华人民共和国侵权责任法》等传统法律规范对违法行为人予以规制；但如果仅仅是水源本身发生了损害，而且没有直接的受害者或者没有潜在的受害者出现明显的受害症状，那么此时真正的受损害者是环境要素——水源，真正被损害的利益是环境公共利益，致害原因是人们对环境资源要素不合理的使用，折射出的法益是环境公益，法益诉讼所调整的关系是人与自然的关系。由此可知，环境资源法除了调整传统的人身和财产关系，还要调整、规范人与自然的关系，但现行环境资源法却没有规范人与自然的关系。

从环境资源法调整的对象看，现行环境资源法普遍重视单一资源的利用，而轻视污染防治，更忽视整体性生态保护。其基本出发点大多是强调部门利益，使部门法的设置重在体现部门权力本位。人们仅关注环境资源作为经济资源的最大化价值利用，既无视环境资源本身的多价值功能属性，也割裂了生态保护与资源利用之间的共生关系，更忽视了不同资源利益和部门法之间的整合与协调。人们对资源的利用方式是重经济开发和粗放型增长，缺乏生态保护的预防与有效治理，从而导致资源被破坏、环境被污染和生态被破坏。

从环境资源法的立法目标和立法价值导向可以考察出生态保护优先的缺位。传统环境资源立法的指导思想和理论基础彰显的是经济优先逻辑，此思想在客观上从纯粹的经济增长和效率优先的角度来开发利用自然资源，在主观上以人类自我中心主义为主导价值观，而这种工业文明的生产和生活方式不仅是资源掠夺性利用和生态环境被污染破坏的根源，而且在其理论指导下的资源利用与经济增长都呈现出不可持续的特征。自然资源要素最基本的自然属性是整体性和系统性，维护自然资源所依存生态系统的平衡与稳定就是保护生态利益与经济利益的最大化。但遗憾的是，目前我国的陆地自然资源法律立法价值理念大多是经济利益优先。自然资源的自然属性（即整体与系统的特质）要求只有维护资源环境生态系统的结构与功能的稳健运行，才能保障资源经济功能的效用最大化。

从环境资源法律的管理机制可以推测出生态系统管理缺乏。资源的自然属性表明，对资源的利用和保护不能脱离整个生态系统去利用和研究某个有机体或某个生态系统组分。生态系统中存在较强的相互依赖和反馈机制，忽略其系统中的任何组分，都会造成不可预测的生态负效应。这就要求人们为了可持续地利用资源，必须维护生态系统的可承载能力、自然恢复能力和动态平衡能力，彻底改变维持资源利用最大化的观点。

自然资源的生态规律告诉我们，人们对自然资源的保护和使用客观上依赖于其所依存的生态系统，资源要素的生态价值功能和可持续利用本质上取决于其所依存生态系统的平衡与稳定。实践证明，生态系统管理是目前维护陆地自然资源生态和可持续性的最有效的管理方法。生态系统管理的基础肇始于生态学研究，而生态学发起对常规管理的挑战始于时空尺度的物种丧失和生存环境退化。下面从生态系统管理的角度，以美国林业为例来回顾、分析其管理政策制定、制度实施的历史变迁和生态管理理念的生成乃至成熟。美国林业的生态管理模式是付出环境代价换来的。19世纪中后期，美国为了满足国家的经济需求，开始强调资源利用并鼓励开发资源，1841年的《优先购买权法》和1862年的《宅地法》是美国土地资源开发利用政策的真实写照。随着这种以掠夺性开发和利用为核心的管理机制所造成的破坏性后果日益显露，公众要求保护现存森林的认知观念逐渐形成，这促成了1891年《森林保护法》的出台，该法律废除了允许滥用土地的法案。20世纪初，在科学原理基础上管理林地的思想萌动，公众支持西奥多·罗斯福总统保留更多林地的政策，森林保护区面积日益扩大，美国成立了专门的林务局对林业实施管理。第二次世界大战前后，森林管理中火灾的威胁，促使生态学一经萌芽就与森林管理紧密联系起来。第二次世界大战后，经济复苏对木材的大量需求，催生了林地管理的多元利用和持续生产概念的出现，也催化了1960年《多元利用法》的出台，促使管理者对林地采取明智且积极的管理措施。此时，生态研究已在系统的构架下进行并在更大尺度下监测森林。由于木材需求旺盛，森林采伐盛行，保护森林的呼声高涨，1969年出台的《国家环境政策法》规定，开发者必须提供所属土地的长期管理计划和环境影响报告。然而，实践的迅猛发展通常会导致理论的惯性滞后，如 1976 年的《联邦土地政策及管理法》和 1978 年的《美国濒危荒野区法》只是规定了采用对单一物种资源保护或利用的联邦土地管理模式。

到 20 世纪 80 年代，生态系统理论也取得了迅速的发展，不仅引入了可持续性概念，而且使管理步入生态整体论轨道。例如，《国家森林管理法》特别指定了木材砍伐的生态适宜性标准，要求林务局保持植物和动物群落的多样性，并且林业管理单位也提出了跨学科 10 年森林发展计划。这推动了经济学、生态学、野生动物生物学、土壤学、水文学和林学等多学科知识的综合发展。20 世纪 90 年代，管理者强调生态系统方法，并认为该方法是有效管理自然资源的方法。1992 年，美国林务局采用多元利用的生态系统管理新政策，为新的生态管理理念拉开了序幕。这种在现有林地上保持长期木材供应的要求从根本上改变了美国的自然资源管理方式，并推动了一种新方法——生态系统管理的应用。

（四）自然秩序模式优先于建构人类经济行为秩序

自然本身就包含着秩序和建构，一种事物和关系的自然秩序就摆在那里，与人一起生存的共同体中处处都有法（法在此即秩序、规则）。在地球生态系统共同体内，历经进化的环境历史在完美地利用自然方面为人类社会成功地提供了现成的模式。如果我们想放飞自己，我们完全能够从历经数千万年日臻完善的鸟类翅膀中寻找灵感，如同南美大草原的大食蚁兽，世代传承着一个可持续的吮食规则。一只大食蚁兽每次吸食一个蚁冢的时间不能超过 3 分钟，这样既能保持每个蚁冢的持续生存，又能为大食蚁兽家族的世代繁衍提供充足、可持续的食物来源。大自然给人类最重要的启示就是：只有适应地球秩序，才能分享地球上的一切；只有最适应地球秩序的人，才能其乐融融地生存于其环境中。环境历史使人们意识到人类共同体只能在自然规律许可的限度内去认识和利用自然，为人类造福，永远不能违背自然规律，超越自然秩序；那种无知、短视和贪婪的生态愚昧时代，必须让位于生态上合理、经济上可行、文化上繁荣和社会上公正的生态文明时代。

在人类生存发展的利益范畴中，利益不外乎涵盖生态利益、社会利益和经济利益。这些利益所处的层次不同，各利益的地位与作用也有所不同。其中，生态利益是超越人类一切利益的最高层次利益。从广义上来看，生态利益是地球生物圈内生态系统功能具体价值的体现，由内在价值利益、工具价值利益和整体价值利益构成。其中，内在价值利益是生态系统内物种本身固有价值的体现，其外在表现形式为生物利益；工具价值利益是生态系统为满足人类生存需要而提供的自然资源价值。废物库服务功能价值、舒适性服务功能价值和生命支持功能价值，其外在表现形式是生态利益；整体价值利益是地球生物圈内所有生物和非生物的共同利益以及地球生态系统共同体的整体利益。在此意义上，广义的生态利益是包含人类生存利益的所有生物和非生物的整体利益，理应是人类的最高利益，人类的一切社会经济决策和经济活动也应当且必须把生态利益放在首位来考虑。

在对上述生态优先基本内涵理解的基础上，对于生态保护优先的内涵和外延，本书认为应再强调以下几点：第一，树立生态保护优先的价值观。生态保护优先是以地球生物圈内生态系统的整体性功能为价值本位，追求并保持系统整体内的结构合理性，是一种人类活动与自然秩序和谐共生的整体价值观。第二，实现生态保护优先的发展观。以生态优先为本位的发展，是以保持地球生态系统的结构和功能平衡且良性运行的基础本位为前提，追求并保持生态系统的生命支持系统的完整性功能发挥和健康发展。这是人类活动和自然秩序之间良性运行与协调发展的客观基础。第三，践行生态保护优先的实践观。自然生态系统的内在生态平衡机理旨在确定自然弹性阈值，若超过这个阈值，人类的活动就要受到自然生态权力的制约，因此，自然弹性阈值是触发生态权力的关键点，呈现出本质上的不可侵犯性。这种不可侵犯性一旦被人为破坏，失调的自然生态几乎是不可复原的。在此意义上，人类的一切经济决策和经济活动必须以自然生态阈值为经济行为的限度，就如同"公平、公正"是法律的天平一样，若环境承载力超越自然生态的阈值，生态系统中所有生态共同体成员的利益都会受损。这既是保护自然生态系统良性运行的生态价值所在，也是生态保护优先正当性的科学实践。

第三节　生态保护优先原则中的保护行为

保护优先原则的内涵之一是保护行为优先，对保护行为进行类型化的分析有利于确认保护行为如何优先，以便使保护优先原则中"保护"的效果得以实现，而对于保护行为基准的确定，则是"保护"效果实现与否的衡量标准。

一、保护行为的类型

《环保法》（2014）第三章及相关政策、规划等，对环境资源的保护按区域、时间进行划分后，分别采取相应的措施进行分类保护，以改善环境质量。通过分析与归纳，可以将保护行为划分为：恢复质量的保护、维持质量的保护、提升质量的保护、合理利用的保护和禁止利用的保护，所有这些保护行为都在遵守保护优先原则的前提下，坚持节约利用、高效利用，以保证环境质量达到相应标准或因改善而高于相应的质量标准，以促进相关标准的改进。

（一）恢复质量的保护

该保护行为是针对在特定区域范围内，污染物的排放超过环境容量，导致该区域的环境质量低于相应标准，或者过度利用生态功能致使生态遭到破坏使其失去平衡，或者对可再生资源的利用破坏了其再生能力，而采取的保护行为，以使相应区域范围内的环境质量恢复、生态回归平衡、可再生资源恢复其再生能力。《环保法》（2014）规定了各级政府对于未达到相应环境质量标准的区域应当制订相应的限期达标规划，采取有效措施如期达标以恢复环境质量。《生态建设意见》提出为了保护和修复生态系统，扩大森林、草原、湖泊、湿地面积，提高相关区域的植被覆盖率，实施相应的生态修复工程。为了加强地区发展与环境保护相协调，对于生态环境脆弱区及重要生态功能保护区实行限制开发，在坚持保护优先原则的条件下，合理选择并发展优势产业，确保恢复生态功能以恢复生态平衡。

（二）维持质量的保护

该保护行为是指在经济发展过程中，在污染物排放标准及污染物总量控制的范围内排放污染物，使污染物的排放符合特定区域环境的自净能力，或者在生态红线要求的范围内利用生态功能，以保持生态平衡，或者在不破坏可再生资源再生能力的范围内开发利用可再生资源，即在维持质量的情况下进行发展，其实质便是对环境资源进行的维持质量的保护。如在落实主体功能区规划方面，由于重点开发区域的环境容量一定，资源存量丰富，因此在开发该重点区域时应当在符合环境资源承载力的条件下合理开发利用环境资源，严格控制污染排放总量，并做到增产不增污。在利用生态空间时，要严格遵守生态保护红线，确保不削弱生态功能，空间面积不减少，生态功能的性质不改变。

（三）提升质量的保护

该保护行为是指在利用环境容量、资源及生态功能时，应当合理利用，高效利用，通过借鉴日本能源法领域的"领跑者"制度不断改进环境质量标准的相关要求，同时通过高效利用资源而从总体上减少资源利用量，以提高生态环境质量。比如通过优化产业结构及空间开发结构，合理利用国土空间，减少国土空间的开发强度，从而增加生态空间；另外，通过实施循环经济计划，使废弃物资源化，增加其再利用的可能性。可以说，对于提高资源的利用率，一方面是减少资源的使用量，从另一个角度来说也是增加了资源存量。

（四）合理利用的保护

合理利用的保护行为其实是贯穿于所有保护行为当中的，这里仅指对不可再生资源进行的合理利用的保护，通过合理利用，提高不可再生资源的利用率，这就好比欧洲将能源效率认为是能源资源一样，从另一个角度增加了资源存量。如在开发利用自然资源时，应当以最少的资源消耗去满足人类经济社会发展的需要，维护生物资源的多样性和非生物资源的种类及数量。对资源进行分类分级管理，强化以总体利用规划及年度利用计划的方式进行管控，推进资源的合理利用。

（五）禁止利用的保护

该保护行为通常是为了恢复特定环境的自净功能，保持资源存量，或通过休养生息恢复生态功能，或因保护特定区域的特定价值或特定功能，以禁止利用的方式对特定区域内的环境资源进行保护。比如对特定自然生态系统区域或特殊保护价值的区域禁止开发，依法对其进行保护，包括特定野生动植物所在区、水源涵养区、重要地质构造区等自然遗迹等。在特定禁猎（渔）区、禁猎（渔）期内，禁止猎捕特定野生动物或渔获物的活动。禁止猎捕、杀害国家重点保护的陆生及水生野生动物。

二、保护行为的基准

保护优先原则就是通过保护行为追求环境利益的可持续，这就要求不断改善生态环境的质量。要评价生态环境质量是否改善，就应当有一定的基准，只有超越这个基准，才能使保护行为的结果称得上是对生态环境质量的改善，保护行为才具有实际意义。以开发利用行为的对象为基础进行分析，可知保护行为的基准包括：环境质量标准、资源利用上限以及生态保护红线。

（一）环境质量标准

环境质量标准就是为了保护自然环境、人体健康与社会物质财富，限制环境中的有害物质和因素所做的控制规定。不同的区域根据不同的使用功能及保护目标有不同的环境质量标准，比如有《环境空气质量标准》《海水水质标准》《地面水环境质量标准》《土壤环境质量标准》等。前述恢复质量的保护、维持质量的保护以及提升质量的保护均以环境质量标准为基准，在此基础上进行恢复、维持及提升。环境质量标准也是制定污染物排放标准及污染物总量控制的基础，在达标排放及在污染物总量控制的范围内进行排放，符合特定环境的承载力及当前的环境质量标准。在此基础上，可以鼓励各排污单位进行技术改造、产业升级、提高资源利用效率，减少污染物的排放，并且在排污领域通过适用"领跑者"制度，提高污染物排放标准，以此提升特定区域的环境质量标准，逐步实现改善环境质量的目标。同时，环境质量标准也是政绩考核的标准，通过不断地提升区域环境质量标准来对政府负责人进行考核评价。

（二）资源利用上限

人类的生存和发展离不开对自然资源的开发和利用，除部分可再生资源外，大部分为不可再生资源，因此，对这部分自然资源的保护，只能采取合理利用、高效利用的措施，通过技术改进、产业提升等方式提高单位资源的利用率，获取更多的利益。对于自然资源的保护，应当在分别明确各类资源总存量的基础上，通过合理的规划、计划明确自然资源的利用上限，对自然资源进行合理的开发利用。

利用科技手段明确当前我国各类自然资源的总存量后，对自然资源进行确权，明确相关监管者的监管责任，对各类资源的开发利用通过编制总体规划及年度计划进行管控，同时设置资源消耗的"天花板"制度，对资源的消耗进行上限限制，自然资源利用的上限限制就是对自然资源进行保护的基准，当某种资源的利用大于所设定的消耗上限限制时，就没有起到对自然资源进行保护的效果。另外，可以通过编制自然资源资产负债表，对政府责任人进行考核，限制公权力，使政府的决策充分考虑自然资源的合理利用，最终使自然资源利用的效益最大化。为了增加可开发利用的资源存量，可以借鉴《联合国海洋法公约》中关于"平行开发制"的规定，在探明自然资源储量后，对其中一部分进行开发利用，而对另一部分则限定一定的期限禁止开发利用，以保障自然资源的可持续利用。

（三）生态保护红线

《环保法》（2014）确定了生态保护红线制度，它是指为了保护生态平衡，依据特定区域的特点、功能、目标等，依法确定相关重点生态功能区域、生态环境敏感区域和脆弱区域等区域界限，实施不同的开发利用行为和禁止利用的保护行为，这是国家和区域生态安全的底线。在利用特定区域的生态功能时，应当坚持保护优先原则，同时以生态保护红线为基准对特定区域实行相应的保护行为，以恢复、维持和提升该特定区域的生态质量，对于某些特定区域以及具有特殊保护价值的区域实行禁止开发的保护行为。

第五章　生态保护红线制度研究

生态红线是一个底线概念，起着警示的作用，严禁对边界的突破。传统的城市管理、土地管控、环境保护等领域中已经设置了一些红线。例如，城市规划中的道路红线，是一个空间属性线条，确定了城市道路的空间，严禁占用；国土部门的耕地红线，是用于保障国家粮食安全所需的最小耕地面积，既有数据属性，又有空间属性；环境保护部门确定的水资源管理红线，分别是水总量控制红线、用水效率控制红线和水限制纳污红线，属于数据管控红线，用于保障水资源的底线安全。可见，国家确定的管理红线既有空间概念，也有数据管理概念，但它们的共同特征是底线控制、最小值控制，这些是公共资源管理的底线，一旦触碰会有一系列的惩罚措施。本章主要围绕生态保护的红线制度进行研究。

第一节　生态保护红线制度的理论基础

一、生态保护红线的概念

"红线"概念存在着多种理解。对"红线"的理解主要有以下三种：一是把红线看作是一个空间概念。根据国家环境保护部印发的《生态保护红线划定技术指南》，生态保护红线是指依法在重点生态功能区、生态环境敏感区和脆弱区等区域划定的严格管控边界，是国家和区域生态安全的底线。二是把红线看作一种警戒数值概念。这种观点认为红线是具有法律约束力的数值，突破红线的数值，就要受到政策法律的惩罚，类似可耕地数量红线。三是把红线看作笼统的政策约束力。对于一些政策法规禁止的行为，人们一般也泛称"政策法规红线"，既包括具体的空间与数值概念，也包含一些制约人们行为的规定。

关于生态红线的直观说法是：生态红线是维护我国生态安全的最低保障线，也是维护区域生态系统不可逾越的底线。作为生态环境保护的基本法，《环境保护法》并未直接规定生态保护红线的定义，而是列举式地规定在生态功能区、生态环境敏感区和脆弱区等区域划定生态保护红线。

国家环境保护部高吉喜认为，即将划定的全国生态红线将覆盖我国四分之一的国土面积，主要分为生态功能区、陆地和海洋生态环境敏感区、脆弱区三大类别。国家环境保护部夏光认为，生态红线体系具体指三方面：其一是区域性的划线，将一些生态脆弱区域、生态敏感区域和亟待保护的区域划定为禁止开发的区域；其二是资源消耗的约束上限，比如对煤炭总量消耗和机动车总量消耗设立控制上限；其三是污染物的排放底线，对各种污染物质排放量设定底线。江苏省环境信息中心何春银也认为，生态红线不完全等同于区域红线，生态红线应该有立体和丰富的内涵。比如，劣五类水质应该是水生态红线，灰霾是大气生态红线，重金属超标应该是土壤生态红线。

《江苏省生态红线区域保护规划》在前言部分提出：生态红线是指对维护国家和区域生态安全及经济社会可持续发展具有重要战略意义，必须实行严格管理和维护的国土空间边界线。《深圳市基本生态控制线管理规定》第2条规定：基本生态控制线是指依据该法规划定的生态保护范围界线。《国务院关于加强环境保护重点工作的意见》提出：划定生态红线的区域包括重要生态功能区、陆地和海洋生态环境敏感区、脆弱区等区域。《国家生态保护红线——生态功能基线划定技术指南（试行）》中首先界定了生态保护红线的体系及其构成。国家生态保护红线体系是实现生态功能提升、环境质量改善、资源永续利用的根本保障，具体包括生态功能保障基线、环境质量安全底线和自然资源利用上线（简称为生态功能红线、环境质量红线和资源利用红线）。

目前对生态保护红线的定义尚不统一，国内一些专家学者对生态保护红线进行了不同解读。饶胜等认为生态保护红线是根据生态系统完整性和连通性的保护需求，划定的是需实施特殊保护的区域，进而制定出的最低限度的综合生态风险标准体系。郑华等则认为划定生态红线是为提升生态功能、保障生态产品与服务持续供给必须严格保护的最小空间范围。符娜、李晓兵等研究认为，生态保护红线最初以"生态红线区"出现，其划定主体为生态系统，主要目的是对环境敏感脆弱区和具有较重要生态功能区实施全面保护，避免人为因素干扰而造成生态环境质量状况下降，保证生态系统安全和维持生态平衡。在此基础上，高吉喜又将生态保护红线定义为在重要生态功能区、生态环境敏感区、脆弱区等区域划定的必须实行严格保护的国土空间。李若帆等认为生态保护红线是生态系统在发展演进中生态平衡被打破，导致生态系统衰退甚至崩溃的临界状态。林勇等认为生态保护红线是针对我国生态环境特征和保护需求现状的制度创新，是一个综合管理体系，包括空间红线、面积红线和管理红线。蒋大林、高吉喜等对生态保护红线概念进行了归纳总结，认为生态保护红线的概念主要包括两方面：一是生态功能的重要区域，二是生态环境较敏感脆弱区域，其主要目的是保护自然资源、改善环境质量，在保障生态系统平衡的条件下实现生态系统服务功能的可持续发展，维护国家和区域的生态安全。生态红线作为中国环境保护的制度创新，何永、阳文锐等又提出时间、空间、阈值、结构和功能五条红线，对生态红线内涵展开综合阐述。

二、生态保护红线的特点

生态保护红线不能简单地被认定为"禁区""高压线""不可逾越的雷池"这些形象的说法，生态红线也不同于已有的环境规划、环境标准等制度。生态保护红线的内涵、外延和原理皆不同于已有的制度；生态红线的特点在于强制性、综合生态系统导向性和尺度性，其中最根本的是综合生态系统导向性。

（一）强制性

"最严格的环境保护制度"是为解决已经退化到阈值底线的生态环境问题而提出的制度和政策调整的主张。因此，制度调整的倾向是更加刚性化和更有约束力，需要采取更为严格的措施和政策等，目的是为了确保生态环境阈值底线不被逾越和突破。

生态保护红线作为《环境保护法》规定的新兴环境保护制度，具有法律强制力，也是"最严格的环境保护制度"。生态红线作为"最严格的环境保护制度"，其基本含义包括以下几点：

1.具有明确的制度目标。一方面，应该立法明确生态红线制度设置的最终目的和预期目标；另一方面明确划定生态红线区域进行特殊管理的具体管理目标。

2.具有完善的制度体系。为了完善生态红线的管理，保障生态红线制度的实施，应对生态保护红线实行分级、分类划定，对不同级别、不同类型的生态红线区域实行有差别的管控措施。生态保护红线划定的一部分区域是已经有制度保障的，如自然保护区、风景名胜区、水源地保护区等，对于这一部分生态红线区，要严格遵守和执行现有立法。而另一部分没有法律保障的生态保护红线区域，应该加快立法步伐，尽快制定与红线区域相适应的管理制度。

3.程序性管理制度。程序性制度包括红线划定制度、红线变动制度、红线与其他区域规划协调制度。生态保护红线的范围不是一成不变的，生态保护红线范围随着生态系统功能区发生变化，并且与主体功能区划、土地利用规划、城市建设规划等存在边界协调关系，这些都是生态保护红线管理制度的重要组成部分。

4.绩效评估制度。生态红线一旦划定，势必对地方经济发展和地方保护主义造成冲击，这也构成生态红线实施的阻力。因此，应该效仿环境保护绩效考核，将生态保护红线的绩效评估纳入地方政府的政绩考核。

5.公众参与制度。生态保护红线的综合生态系统管理意味着最广泛的利益相关者的参与。公众参与具有两方面的实质意义：构成程序过程的公正以及促进公共政策的可接受度。生态保护红线公众参与制度的核心内容也包含两部分：一是公众以何种形式参与生态保护红线区域管理，二是公众的意见以何种形式、何种程度影响有关生态保护红线的公共政策。

（二）规范效力和可执行力

生态保护红线需要从政策"虚线"转变为立法"实线"，使得生态保护红线具有规范效力和可实施力。生态保护红线一旦划定，必须设置最严格的、具有强制力的保护措施，禁止人为活动在生态保护红线区域内对生态系统进行破坏和干扰，以维护生态系统的稳定和平衡状态。

《环境保护法》首次以国家立法形式规定生态保护红线制度，这对于生态保护红线转变为立法的实现具有里程碑式的意义。《环境保护法》作为我国建设生态文明的首位重要法律，修改条款中增加生态保护红线普通条款，使其制度化和规范化，生态保护红线的具体实施留待相关法规和地方立法予以补充和完善。

（三）综合生态系统导向性

生态系统具有综合性和多维性，决定了生态保护红线具有综合生态系统导向性，具体表现为：一是人类活动的维度，认识到人类活动是对大自然以及生态系统的核心挑战，综合生态系统管理要求人类在利用和干扰大自然之时将生态系统维持在一个适当的健康状态，综合生态系统管理既是一个合理的科学研究的结果，同时也是社会数据统计的结果；二是生态系统的变动，这在任何生态系统中都是持续的；三是综合性的超越和跨越，综合生态系统管理致力于综合部门事务和利益相关者；四是设定社会、管理和可操作的目标，设定生态系统的空间标准，对生态系统进行动态管理应该划定不同的管理区域；五是发展出生态功能管理的指南、目标和参考点；六是评估人类活动的累积效应，发展出人类学意义上的评估方法，这种方法应该被应用于对生态系统的状态进行综合评估；七是风险分析，发展出风险分析的方法，分析对生态系统存在的潜在危害，提出不同部门的潜在管理目标。

生态保护红线的综合生态系统导向性决定了生态保护红线的划定和管理应注意以下几点：

1.全盘考量生态系统

生态保护红线一旦划定，与区域整体生态环境密不可分，需要全盘考虑整体和区域生态系统，以及人类与生态系统的互动关系。作为生态基线的受保护区域将人类对生态系统退化造成的一个时期内在特定区域受到保护。人类需要全面认识受保护区域的生态系统相互作用，正确评估其生态承载力和生态功能，明确生态功能的底线意义。生态红线的管理也应该遵循综合生态系统的方法，密切关注和协调人类活动对生态红线区域的干扰以及对生态系统的影响。对生态红线区域的管理应该综合各相关部门和利益相关者，基于生态系统状况、功能和特征制定生态保护红线管理指南。

2. 自然保护优先

生态保护红线划定的区域往往都是生态功能重要、敏感和脆弱的区域。这些区域的管理必须坚持以自然保护优先，采取有效的方式协调人类活动与自然生态系统的关系，降低人类活动对自然的干扰程度，最大限度地保障自然状态。

这意味着对于红线区域实行严格分级，应区分不同级别红线区域人为活动可干扰的限度；对生态红线区域进行生态风险评估，杜绝人为活动对生态红线区域带来不可逆转的生态风险。

3. 坚持部门协调和公众参与

对生态保护红线实施综合生态系统导向的管理要求对生态红线管理涉及的政府部门进行协调，同时加大公众参与力度。部门之间的协调贯穿红线划定和管理的全过程，部门之间的协调同样促成生态红线与城市规划、土地规划、耕地红线等协调和对接。将公众参与引入到政府行政决策过程中能够对民众和团体起到显著的教育作用，增加他们对政府行政决策施加控制的能力。公众参与有助于公众对于政府行政决策的更好的认知，以及如何获得政府行政决策的目标。

（四）尺度性

划定生态保护红线强化了底线思维，在这个意义上，生态保护红线不同于环境标准和环境规划。底线思维是在对发展风险认真评估的基础上，立足于最坏的结果，在守住底线的前提下顺应自然和生态系统的规律，从而谋求最理想的效果。环境与发展的问题，究其根本，是涉及进步的动力与环境责任之间紧张关系的一种社会伦理学的考量。这涉及对人的维度和自然的维度尺度的探寻。

因此，在发展的过程中把握自然的尺度显得尤为必要。自然的尺度不是固定不变的，而是一个动态的过程，是各种自然资源和生物的力量高度复杂的综合作用形成的。如何判断自然自身的尺度，以生态系统自身的生态基准为依据。我国划定生态保护红线的现实压力是：我国生态环境状况持续恶化，资源约束持续增大，生态系统持续退化。划定生态红线的基本背景是：我国确立了环境立国的方向和建设生态文明的基本方略。生态保护红线制度为利用环境容量和自然资源设立了不可逾越的底线，以逆转我国生态系统恶化的趋势，保障生态安全。

多项研究的结果表明，人类活动导致各种生态系统的退化，由此大自然处于可变状态。为了避免大自然处于持续恶化状态，必须为各种生态系统设置最基础的底线。这个底线可以在一个相当长的时期内，成为生态系统之前的状态和如今的状态之间的比较因子。在国家层面，生态保护红线关注国土空间配置和利用，关注全国环境保护、资源利用和生态保护大局；在地方层面，生态保护红线关注区域生态敏感脆弱地区、区域生物多样性、区域水源大气质量等具体生态环境问题。生态保护红线区域划定为我国生态安全设置了最后的底线和保障，以保持生态系统持续稳定。

生态保护红线的理论基础是可持续发展理论及其核心承载力理论。生态保护红线概念的提出在理论上是对生态环境保护相关理论的发展和完善，具有维护国家和区域生态安全、维持社会经济可持续发展、保障人民生活健康的意义，是国家层面的"生命线"。

三、"生态红线"与"生态底线"的异同辨析

"生态红线"概念常与"生态底线"的概念有所混淆。在生态环境与资源领域，对于"生态红线"与"生态底线"关系的认知，也主要有两种观点。

一种观点是把生态红线等同于生态底线。目前，社会各界持"生态底线就是红线"观点的人较多，如有观点认为："生态红线亦即生态底线，通常具有约束性含义，表示各种用地的边界线、控制线或具有低限含义的数字。"一些政策文件也基于此观点提出了政策规定，要求严守资源环境生态红线，设定并严守资源消耗上限、环境质量底线、生态保护红线。其中，武汉市法制办发布的《武汉市基本生态控制线条例（征求意见稿）》具有典型性。根据该条例，武汉市基本生态控制线分为"生态底线区"和"生态发展区"。这里的"生态底线"就接近《生态保护红线划定技术指南》所界定的"生态红线"概念。

另一种观点认为生态红线不同于生态底线。这种观点认为生态红线是受法律保障的空间概念或数值，而生态底线是经过科学计算得到的数值，或者是一些不具备法律约束力的目标诉求，属于学术概念。二者的区别在于，突破生态红线属于违法，突破生态底线则要受到大自然的报复。如有观点就认为："守住生态底线要靠法律红线。"显然，该观点就认为底线不具备天然的法律约束力，需要另外的法规（"红线"）来保障。常见的代表性提法就是"划定红线，守住底线"。这里的红线有两种理解：一是把红线看作空间概念，划定地理意义上的红线区；二是把红线理解为预防突破底线的警戒值。无论哪种理解，目的都是为了守住生态环境与资源底线。实际上，在生态环境与资源领域，红线与底线的关

系非常复杂，从数值角度来看，有时红线就是底线；但从政策法规角度来看，二者又是不同的。因而，不能笼统认为二者是相同的或不同的。

实质上，生态红线与生态底线的概念关系方面，二者既有区别，又有联系：

（一）两者之间的区别主要体现在以下两方面

一方面，从约束力角度来看，生态红线是政策法规概念，生态底线是伦理道德概念。生态红线的标准要非常清楚明确，这是政策法规需要执行的要求。而生态底线既可以是明确的底线值，也可以是相对模糊的目标诉求。另一方面，从执行的角度来看，生态红线是刚性的，而生态底线则有一定的弹性。红线一旦划定，就必须执行，不能变通；而底线则要考虑现实与发展情况，有一定的弹性空间。

（二）两者之间的联系主要体现在以下两方面

一方面，在"生态红线"作为空间概念的背景下，划定红线区是保护一个区域生态底线的重要手段。整个国家都应守住生态底线，因此，每个区域都应看作底线区。但由于很多区域需要开发建设，只有少量区域才能被划为受政策法规严格保护的红线区，限制开发或禁止开发。在划定的红线区，水、土地、森林、能源等资源的开发利用都受到严格的保护，其目的就是为了严守该区域的生态底线。生态状况较差的地区，一些指标底线与红线也可以在一个时期内采取"只能更好，不能变坏"的标准。但无论哪种情况，底线值是确定红线值的重要基础。人们常说的红线就是底线，主要就是基于这种状况。

四、划定生态保护红线的意义

生态保护红线的实施对生态环境、生态安全格局及生态文明均具有积极意义，具体内容如下：

（一）有助于遏制生态环境退化态势

自 1950 年以来，由于资源与能源的无序开发与过度利用，我国环境面临着日益严峻的挑战。在此形势下划定并严守生态红线，旨在以一种强制性的手段建立环境保护制度，促进资源与能源的高效利用。通过加大我国环境脆弱区、生态敏感区的保护力度，进一步改善生态系统功能及环境质量状况，缓解因经济社会加速发展所导致的自然生态系统难以适应的弊端，力促人口、资源、环境的协调发展。基于此，划定生态保护红线对于遏制生态环境退化态势将发挥重要作用。

（二）有利于优化国家生态安全格局

生态安全格局是实现经济社会稳定发展、国土空间优化开发的关键点。在生态空间保护与优化方面，我国积极开展了全国主体生态功能区域划分、主体功能区规划设定、生物保护多样性战略与行动计划实施，加快各类保护区建设的步伐。各种类型的保护区在国家生态安全格局构建中呈现出不同的生态安全服务功能，如通过对耕地生态红线的设立缓解人地之间的矛盾；在对海洋生态保护红线进行划定的过程中，进一步保护海洋资源、改善海洋生态系统，保障海洋生态安全；在濒危物种生态保护红线的确立中，注重对濒危物种的保护，维护生物种类的多样化，进一步实现人与自然的和谐共生。所以，通过划定生态红线对于优化国家生态安全格局将产生积极影响。

（三）有利于加速生态文明建设进程

生态保护红线的设立不仅是环境保护带动经济增长的基准线，是保护公民健康和国家环境安全的生命线，更是促进人与自然、经济效益和社会效益相统一的保障线。一方面，生态保护红线的划定作为生态文明建设的关键点，通过对区域划定细则、空间边界数量、具体实施准则等方面的严格限定，在保护生态敏感性较高区域的同时，又及时地修复恶化了的环境区域，区别于传统以高能耗、高污染、高排放的生产方式，生态红线倡导以绿色环保、低碳节约为发展主体的经济运营模式，为生态文明建设指明了方向。另一方面，生态红线的划定作为生态文明建设的中间环节，贯彻于生态文明建设的始终，其在为完善主体功能区制度、资源有偿使用制度、生态补偿机制制度、环境保护监督管理制度等其他方面制度提供科学理论指导的同时，其他方面的制度也为生态红线的划定和实施提供了强有力的支撑，两者相辅相成。

五、生态保护红线法律的制度基础

生态保护红线法律保障制度的理论基础主要由三大理论组成：生态文明建设理论、底线思维理论、环境公共物品理论。

（一）生态文明建设理论

生态文明是党中央在2007年党的十七大首次提出的全新概念，生态文明和物质文明、政治文明、精神文明、社会文明一起共同组成我国新时期国家建设五位一体的指导理论。具体来说生态文明的价值目标是实现人与生态和谐共存协调发展，顺应生态环境的客观规律，追求人类社会和生态自然间的良性的循环和可持续的发展。生态文明的基本内涵主要表现为以下几方面：树立先进的生态伦理观念；拥有发达的生态经济；建立完善的生态制度；保障可靠的生态安全；持续改善生态环境质量。生态文明的最基本的特征主要有：实现人与生态环境的和谐发展；走出资源节约和生态环保新道路；增进经济福利和环境权益促进社会经济环境三者的和谐共生；需要持续推进综合开展。总体来说建设生态文明就要让经济发展和环境保护相互平衡和协调，寻求成本低、效果好、污染小、可持续的环境保护新道路，加快探索和建立节能环保的经济发展模式和经济结构，重点解决阻碍可持续发展和严重影响广大人民身心健康的环境问题，加快完善生态文明建设的制度内容。生态保护红线制度就是生态文明理论的具体体现，是我国生态文明制度体系的重要组成部分，设立生态保护红线就是为了我国建设生态文明保障我国生态安全的最低限度的生态区域。

（二）底线思维理论

底线思维是 2013 年初提出的，最初提出针对的是党员干部对于党风政绩的遵守，要求领导干部要具备底线思维，时时知晓"红线"、筑牢"防线"、守住"底线"，树立底线思维，自觉防腐拒变。之后不断丰富扩展到多个领域，最终形成了由主权底线、法律底线、党风政纪底线、经济增长底线、环境保护的底线、文艺发展的底线以及新闻舆论工作的底线组成的一个综合性全方位的底线系统。

底线思维从本质上来说是唯物辩证法，是有所为和有所守的辩证统一，有所为就是在底线以上有所为，而有所守，守的就是不可逾越的底线。而在所为中要有所守，在所守中又要有所为。在环境保护领域也是如此，环境问题本身就是一个由于经济发展和环境保护这一对对立统一的矛盾而产生的，经济的发展就是有所为，环境保护就是有所守。因此要解决环境问题的关键就在于厘清有所为和有所守的界限，这也就是底线具体到生态环保领域就是生态保护红线。

（三）环境公共物品理论

环境公共物品理论认为环境资源作为一种公共物品，由于产权具有开放性使得环境资源被滥用而导致"公地的悲剧"。"公地的悲剧"是由美国环保人士雷特哈丁在 1968 年提出的，公地悲剧主要是描述了一种现状：一个开放性的公共的牧场，任何人都可以在牧场进行放牧并且不用付出任何代价。因此每个放牧的牧民为了争取自己的利益最大化，都尽可能地扩大牲畜的数量，最终由于牲畜的数量超过了牧场的极限承载能力，从而导致牧场的退化。"公地的悲剧"说明产权的不确定性和公共性容易引发环境资源的过度消费和滥用。因此不对环境资源产权进行确权和明晰，环境资源的配置一定是低下的。因此对于

"公地的悲剧"，国家可以通过国家强制力，基于保护社会公共利益的目的，对环境问题进行干预，运用国家强制力来限制环境资源的产权并调节环境资源的使用过程，从而避免公地的悲剧现象出现。生态保护红线制度的提出就是基于我国环境领域的公地的悲剧现象的不断出现的情况下提出的，实施生态保护红线制度对关系到我国生态安全的区域由政府严格的管控和监督是十分必要的。

第二节　生态保护红线的划定技术与方法

一、划定技术路线图

生态保护红线技术流程参见图 5-1。

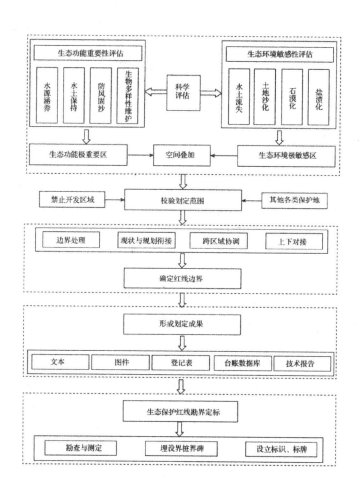

图 5-1 生态保护红线划定技术流程图

二、生态保护红线的划定方法

（一）主要数据源

1. 遥感数据源

遥感数据在生态保护红线划定过程中需要通过遥感解译获取土地利用、植被覆盖度、坡度等多种信息。常见的遥感传感卫星及其基本参数如表 5-1 所示。

表 5-1 目前常用的遥感卫星

制图比例尺	卫星名称	传感器	波段数	空间分辨率（m）	重访周期（天）
1：100 万 –1：50 万	NOAA	AVHRR	6	1100	0.5
1：50 万 –1：20 万	EOS-A	MODIS	36	250/500/1000	16
1：20 万 –1：10 万	Landsat	TM	7	30/120	17
		ETM	8	15/30/120	17
	SPOT	HRVIR	5	2.5/10/20	26
	CEBRS	CCD	5	19.5	3
1：5 万 –1：5000	IKONOS	IKONOS	5	1/4	3/1.5
	Quick Bird	Quick Bird	5	0.61/2.44	1 ~ 6
1：50 万 –1：1 万	雷达卫星	SAR	5.3GHz	25	24

在这些常用的遥感卫星中，常用的低分辨率的卫星有 NOAA、EOS-A；中分辨率的卫星有 TM、CBERS；高分辨率的卫星有 IKONOS、Quick Bird。这些不同分辨率的卫星可以满足多尺度、多参数的生态保护红线评估指标数据采样需要。

2. 基础地理数据

基础地理数据为《基础地理信息要素分类与代码》（GB/T13923 — 2006）中划定的定位基础、水系、居民地及设施、交通、管线、境界与镇区、地貌、土质与植被 8 大类，以及上述 8 类基础上划分出的 46 类中包含的要素。

3. 土壤数据

从中国土壤数据库（www.soil.csdb.cn）中统计出各土壤类型的机械组成及有机质含量等相关数据，并通过相关公式计算得到各土壤类型的土壤可蚀性因子 K 值。

4. 自然保护区、风景名胜区数据

划定过程中所采用的自然保护区和风景名胜区矢量数据以及原始图件均可从相关部门获取。

5. 气象及水文数据

采用的气象数据主要从气象部门和国家气象科学数据共享服务平台（www.data.cma.cn）中获取；水文数据可从国家自然资源部、国家生态环境部等部门获取。

（二）数据的处理

1. 遥感数据处理

理想的遥感影像能如实反映地物目标的辐射能量分布和几何特征影像状况。实际情况中，由于大气层的存在以及传感器中检测器性能的差异等因素，导致所读取的遥感影像图会产生不同程度的畸变（称为辐射畸变）。此外，由于遥感卫星飞行姿态的不断变化、地球形状的不规则以及下垫面理化性质差异等因素也会导致遥感影像产生一定程度的畸变（称为几何畸变），这些畸变和失真影响了图像的质量和使用，因此，在使用前必须进行矫正和消除。

（1）辐射畸变校正

辐射畸变校正一直都是遥感领域的研究热门。对图像进行辐射畸变校正的主要目的是消除大气、太阳高度角、视角和地形等因素对地面光谱反射信号的影响。辐射畸变校正方法的选择非常关键。要准确地纠正图像的辐射特性即对图像进行绝对辐射畸变校正，需要对大气的辐射传输过程进行有效的计算，确定太阳入射角和传感器的视角以及地形起伏的相互关系等。这类方法过程往往都比较复杂，最好在获取图像的同时也能测出大气的光学厚度等特性。由于目前绝大多数遥感图像获取过程无法满足这一条件，因此，计算手段常用来估计大气对地面信号的干扰状况。

目前，常用来消除大气干扰的程序有 MODTRAN 和 6S 两种。1999 年 12 月，美国第一颗对地观测系统卫星（EDS-AM）发射成功。该卫星系统载有多个传感器，可以在全球范围内每天获取一次图像数据。此外，该卫星系统载有的中等分辨率成像光谱仪（MODIS）能同时获取关于地表、海洋和大气等要素的光学和温度特征。因此，能大大改善地面观测数据的大气校正效果。

一套完整的辐射畸变校正系统应包括遥感器校正、大气校正以及太阳高度、地形等引起的畸变校正。一般来说，卫星地面站提供给用户的计算机兼容磁带（Computer compatibletape，CCT）都已经进行了传感器辐射畸变校正。

而太阳高度和地形校正需要更多的外部信息才能进行，如大气透过率、太阳直射光辐照度和瞬时入射角等大气校正通常是指大气散射校正，是遥感辐射畸变校正的主要内容。

大气校正方法大致可分为利用辐射传递方程式法、利用地面实况数据的方法及利用辅助数据的其他矫正方法。但由于大气对光学遥感的影响很复杂，对于任何一幅图像，其对应的大气数据几乎是永远变化的。因此，人们建立了一些简单的纠正方法如直方图平依法、统计回归法等，这些方法也被称为经验型大气纠正法或相对纠正方法。

（2）几何畸变校正

地面目标往往是个复杂的多维模型，它有一定的空间分布特征。从地面原型（一个无限的、连续的多维信息源）经遥感过程转为遥感信息（一个有限化、离散化的二维平面记录）时，由于卫星遥感影像在成像过程中受到诸多因素的干扰，除遥感器高度和姿态角的变化、大气折光、地球曲率、地形起伏等因素外，还有遥感器动态扫描过程中地球旋转和遥感器本身结构性能变化等影响，这些都会导致原始遥感影像产生严重的几何变形。

这些变形主要表现为位移、旋转、缩放、仿射、弯曲或更高阶的弯曲，或者表现为像元相对地面实际位置的挤压、伸展、扭曲和偏移。根据引起几何变形的原因不同，可将变形分为系统性变形和非系统性变形两大类。系统性几何变形主要是由传感器自身的性能技术指标偏离标准数值所造成的，而非系统性几何变形主要是由于遥感传感器本身处在正常工作状态，而由传感器以外的因素导致的误差。例如传感器的外方位位置、姿态变化、传感介质的不均匀等因素，此外地球曲率也会引起的传感器非系统性几何变形。系统性几何变形往往有规律性，而且可以预测。因此，系统性几何变形可以用计算遥感平台和遥感器内部变形的数学模型来预测，在此基础上用严格的数学公式加以纠正。通常把这个过程称为几何粗校正。事实上，从地面卫星站获取的遥感影像一般都经过了几何粗校正。然而，非系统性几何变形由于没有规律可循，往往很难预测，也无法用精确的数学公式来表达。在实际操作过程中，为了保证遥感影像后续处理结果的可靠性，用户必须在遥感影像粗纠正的基础上做进一步的纠正，此过程被称为几何精校正。

由于所有地图投影系统都遵从一定的地图坐标系统，所以几何纠正过程还必须使用地理参考这一技术过程。所谓地理参考（Geo-referencing），是指将地图坐标系统赋予图像数据的过程。对不同时期遥感图像的几何畸变校正可以分为两类：一类是图像与图像间的相对校正，又称图像匹配；另一类是由图像坐标转变为某种地图投影的绝对校正，或对图像进行地理编码（Georef-erencing）。这两类方法都包含了选择控制点、建立几何纠正模型、图像重采样三个步骤，具体操作流程如图5-2所示。

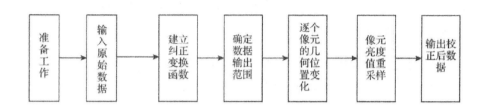

5-2 几何精准校正流程图

（3）多波段影像组合处理

多波段影像组合处理是一种图像增强处理方法，即通过同一地区（或地物）不同波段图像的不同组合叠加，达到突出图像上不同目标的处理方法，这样既综合了各个波段的不同特性，又扩展了图像的动态范围，使图像上不同类型、形态的地物获得良好的显示效果。多波段图像组合处理既可采用光学方法进行，又可通过数字图像处理实现，例如：多波段图像的彩色合成处理，数字图像对应像元不同波段数据值的算术运算组合处理，以及哈德玛变换、K-L 变换等。

标准假彩色合成是常用的波段合成方法。以 Landsat7TM 为例，标准假彩色合成，即 4、3、2 波段分别赋予红、绿、蓝色，获得图像植被成红色，由于突出表现了植被的特征，应用十分广泛。合成后的遥感影像表现出明显不同的位置、形状、色调和纹理特征，比较容易区分。

以 TM4、TM3、TM2 波段的组合图像（RGB432）为例，森林一般大面积分布在山地，颜色为红色，饱和鲜艳，纹理较粗糙，有立体感；灌丛主要分布在中低山地和沟谷、平原，呈条带状或片状，颜色亮、纹理细腻；荒漠一般成片分布在维度较高的高原或高山，几乎没有植被覆盖，呈明亮的白色，纹理平滑；湿地主要分布在河流低阶地、湖泊外围及海岸带，较多湿生植物，呈蓝色，色调暗淡，纹理粗糙。如果在采样时能结合地学经验，充分利用地形图、土地利用图、植被图等辅助资料或实地调查资料，可以大大地提高解译的精度和效率。

2. 遥感图像增强

（1）图像增强的目的

为使图像上感兴趣的特征得以加强，突出某些局部信息和特征，压抑其他不需要或无用信息，对图像像元灰度值进行某种变换的处理以达到有利于人眼识别和观察或有利于计算机分类的目的，这个过程称为遥感图像的影像增强处理。从数学意义上理解，图像增强处理是对图像的特征实施某种变换，使其从一个影像空间变换到另一个影像空间。影像增强过程往往需要应用计算机或光学设备作为处理工具，通过处理能改善图像的视觉效果，同时将图像转变为一种更适于人或计算机分析的形式，以提高图像的可判读性。

（2）图像增强的方法

遥感图像增强处理的方法主要有彩色增强、反差增强和滤波增强三种。

彩色增强是依据人眼对彩色的敏感度远远高于灰度值的特性，将人眼不敏感的灰度信号映射为人眼灵敏的彩色信号，以增强人对图像中细微变化的分辨力的技术处理过程。反差增强又称对比度扩展，是一种点处理方式。通过对像元亮度值的变换来突出影像中某种地物的细微结构，以此来扩大目标与背景的对比度。滤波增强是对影像中某些空间频率特征的信息增强或抑制，如增强高频抑制低频信息就是突出边缘、线条、纹理、细节和结构。增强低频抑制高频信息就是去掉细节，保持影像中的主干、粗结构。常用的增强处理方法如图 5-3 所示。

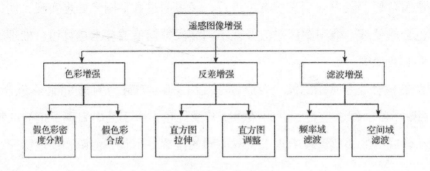

图 5-3 遥感图像增强方法

对于遥感影像的增强处理，需要在了解图像的各种统计特征基础上进行方法的选择，一般采用以下几种增强方式：

（1）假彩色合成

假彩色合成法是应用最广泛的彩色增强处理方法，该方法通常与线性拉伸法结合使用。对于单波段的假彩色密度分割和彩色增强方法，由于其只有一个波段，往往对地物解译精度不高，遥感影像各波段所含的信息有一定差异性。

因此，只要把地物在不同波段上的信息差异综合反映出来，那么图像上的地物信息差别性就被显著放大，即提高了识别效果。彩色合成方案实际上是在选择最佳波段组合基础上，运用三基色原理，选取最佳赋色方案。这是决定彩色图像信息量和可解译程度的一个重要环节。其方法是将 TM5、TM4、TM3 分别赋予红、绿、蓝三种颜色，建立每个波段的灰度与彩色的变换关系，再将变换结果合成，即可计算得到假彩色合成影像。

影像假彩色合成过程中对三个波段可以在同一时相的遥感影像中进行选择，也可以在不同时相的遥感影像间进行选择。此外，也可以在已处理的分量（如比值影像、差值影像、主成分影像等）中进行选择，利用 RGB 假彩色合成技术处理后，下垫面不同地物呈现出不同的色调和亮度，易于判读解译。

（2）直方图拉伸

直方图拉伸是一种反差增强方法。该方法通过增大图像或目标间亮度值灰度明暗差异程度的处理来改善图像观察效果的过程。经过这种方法处理后，假彩色合成图像的视觉效果比较好，其层次也比较分明，地物差异加大。

直方图线性拉伸是根据像元灰度值的出现概率进行图像拉伸，它通过线性拉伸方程把原图像较窄的亮度范围拉伸到更广甚至到全辐射亮度级 0 ~ 255 的范围，通过调整直方图所显示的亮度分布，使其扩展达到突出整幅图像或者增强目标部分的局部。对于直方图的线性调整，可以做局部的拉伸，也可以做全域的拉伸。

（3）直方图调整

直方图调整一般包括直方图均衡化和直方图匹配两种类型。由于观察的原图像的灰度值范围往往相对狭窄，而且两侧较小，中间突出一个高峰。可以采用直方图均衡化的方法将直方图的峰在水平方向进行压缩，使直方图向左或向右展开成为一个和原来直方图相比，其灰度范围加宽、相对差别减小的图像。直方图均衡化方法的实质是较少图像的灰度等级以换取对比度的扩大。经过直方图均衡化后，各灰度级所占图像的面积近似相等，原图像上频率小的灰度级得到合并，频率高的灰度级被保留。这样处理的结果是，图像上大面积地物与周围地物的反差计算得到增强。直方图匹配是通过非线性变换的方式使一个图像的直方图与另一个图像的直方图产生相似的技术处理过程。

（三）基于 GIS 的分析技术

地理信息系统（Geographic Information Systems，GIS）是一种采集、存储、管理、分析、显示与应用地理信息的计算机系统，是分析和处理海量地理数据的通用技术，是一项以计算机为基础的管理和研究空间数据的新兴技术系统。与其他一般信息系统相比，GIS 具有空间特性。GIS 强调空间分析通过空间分析模型来分析空间数据。GIS 空间分析的方法可分为两大类：一般方法和空间统计方法。

1.GIS 空间分析的一般方法

GIS 空间分析的一般方法有空间插值、叠置分析、缓冲区分析、网络分析、数字高程模型分析和探索性空间数据分析。

（1）空间插值

空间插值常用语将离散点的测量数据转换为连续的数据曲面，以便与其他空间现象的分布模式进行比较，包括了空间内插和外推两种算法。空间内插算法是一种通过已知点的数据推求同一区域其他未知点数据的计算方法；空间外推算法则是通过已知区域的数据推求其他区域数据的方法。

（2）叠置分析

叠置分析是 GIS 空间分析中常用也是重要的分析方法之一。叠置分析是将两层或多层地图要素进行叠加产生一个新要素层的操作，其结果将原来要素通过切割或合并生成新的要素，新要素综合了原来两层或多层要素所具有的属性。叠置分析不仅包括空间关系的比较，还包含属性关系的比较。

①点与多边形的叠加

点与多边形的叠加，实际上是计算多边形对点的包含关系。叠加的结果是每点产生一个新的属性。通过叠加可以计算出每个多边形类型里有多少个点，以及这些点的属性信息。

②线与多边形叠加

将线状地物层和多边形层相叠，比较线坐标与多边形的关系，以确定每条弧段落在哪个多边形内，多边形内的新弧段以及多边形其他信息。

③多边形叠加

这个过程是将两个或多个多边形图层进行叠加产生一个新多边形图层的操作，其结果将原来多边形要素分割成新要素，新要素综合了原来两层或多层的属性，一般有三种多边形叠置。

多边形之和（UNION）：输出保留了两个输入的所有多边形。

多边形之交（INTERSECT）：输出保留了两个输入的共同覆盖区域。

多边形叠合（IDENTTTY）：以一个输入的边界为准，而将另一个多边形与之相匹配，输出内容是第一个多边形区域内两个输入层所有多边形。

（3）缓冲区分析

缓冲区分析是针对点、线、面实体，自动建立起周围一定宽度范围以内的缓冲区多边形。缓冲区的产生有三种情况：

一是基于点要素的缓冲区，通常以点为原型，以一定距离为半径的圆；

二是基于线要素的缓冲区，通常是以线为中心轴线，距中心轴线一定距离的平行带多边形；

三是基于面要素多边形边界的缓冲区，向外或向内扩展一定距离以生成新的多边形。

（4）网络分析

对地理网络（如河网、交通网络等）、基础设施网络（如各种网线、供排水管线等）

进行地理分析和模型化，是 GIS 中网络分析功能的主要目的。网络分析的根本目的是研究、筹划一项工程如何安排，并使其运行效果最好，如一定资源的最佳分配，从一地到另一地的运输费用最低等。其基本思想在于人类活动总是趋向于按一定目标选择达到最佳效果的空间位置。这类问题在生产、社会、经济活动中不胜枚举。

（5）数字高程模型

现实地理空间并不是一个均匀分布的平面，而是一种连续变化的曲面，这个曲面表示地球表面各种地形的高低起伏。为了更好地描述地球表面的众多信息，引入了数字地形模型（Digital TerrainModel，DTM）的概念。将数字地面模型中描述地面特性的一项用高程值来代替，即产生了数字高程模型（Digital Elevation Model，DEM）。数字地形模型的地表特性可以是土地利用类型、地表覆盖程度、土壤类型和高产值等，而数字高程模型只是数字地形模型中的一种。

数字高程模型不仅表示了地表的起伏情况，还可以从中提取坡度、坡向等地形信息。DEM 在整个地学领域都有较多的应用：在测绘领域可以绘制等高线，生成坡度图、坡向图、剖面图、地形图，并可用于辅助制作正射影像图、绘制立体模型及地图等；可用于绘制三维景观图，应用于军事、景观设计、城市规划等领域；可用于交通线路的规划设计、地表可视性分析等，在遥感领域中可作为 CIS 辅助数据参与遥感分类。

（6）空间统计分类系统

多变量统计分析主要用于数据分类和综合评价。数据分类方法是地理信息系统重要的组成部分。一般说地理信息系统存储的数据具有原始性质，用户可以根据不同的实用目的，进行提取和分析，特别是对于观测和取样数据，随着采用分类和内插方法的不同，得到的结果有很大的差异。因此，在大多数情况下，首先是将大量未经分类的数据输入信息系统数据库，然后要求用户建立具体的分类算法，以获得所需要的信息。

2.GIS 空间统计分析

（1）属性数据的一般统计方法

属性数据与空间数据都是 GIS 的基本数据类型，所以 GIS 空间分析必须要有对属性数据的分析方法。属性数据的统计方法主要计算一些统计指标，如属性数据的集中特征数（频率、平均数、数学期望和中位数等）；属性数据的离散特征数（极差、离差、方差和变差系数等）。还包括属性数据的图形表示分析、属性数据的综合评价分析及属性数据的分等定级分析。

（2）空间统计方法

空间统计分析是指对 GIS 空间数据库中的空间数据进行统计分析，包括对空间数据的

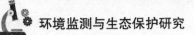

分类、统计和综合评价等，与 GIS 的各类实际应用之间具有紧密联系，是 GIS 中的一个重要的、快速的发展邻域。空间统计分析是在复杂的现实地理世界中探索地理信息的简单方法之一，通过空间数据的位置信息来建立数据间的统计关系。空间统计分析方法包括：空间自相关分析、回归分析（一元线性回归、多元线性回归、非线性回归、空间回归）和趋势面分析。

（3）景观格局分析

景观格局分析属于景观生态学范畴，近年来，许多学者应用景观格局分析的原理、方法和公式来解释和描述地理现象变化的原因和过程。同时，GIS 强大的图形处理和分析功能，可以进行景观格局对生态过程的敏感性分析和模拟，研究不同景观格局对生态过程的影响。

第三节　生态保护红线法律制度的完善

一、完善生态保护红线制度的法律体系

运行良好的制度离不开完善的法律体系，我国目前的生态保护红线制度的立法存在的诸多问题我们在前面进行了详细的论述。完善我国生态保护红线法律保障制度的立法，应当从以下几方面进行：

首先，要将现行的由环保部颁发的《生态保护红线管理办法（试行）》废止，并在国家层面由国务院制定出台行政法规《生态保护红线条例》，提升法律效力层级，由《生态保护红线条例》来总领生态保护红线法律体系。在《生态保护红线条例》中应当具体对生态保护红线的制度内容如生态保护红线的划定、监管、变更、退出及党政领导考核，生态补偿等制度进行明确规定。

其次，各地方也应当在不违反《环境保护法》第二十九条第二款和《生态保护红线条例》规定的前提下结合各地区尽快制定出台各地方的《生态保护红线管理办法》正式版本的法律文件，及时废止过去的试行版本。

再次，在立法过程中对于法律文件中应当增加违反生态保护红线制度的法律责任章节，具体规定越线的法律责任，同时应当注重规定越线的法律责任条文的具体性和可操作性，合理设置越线法律责任。

再次，及时修订与生态保护红线相关的其他法律的法律条文，使之与生态保护红线制度相协调。例如规定各生态要素的环境标准的条文必须增加针对生态保护红线区域的环境

标准内容并且合理修订相关标准数据使得生态保护红线划定监管运行有相关规范和标准可以执行。

最后，应当尽快制定并出台生态保护红线制度的配套制度立法，例如目前国家层面的生态补偿制度的立法还是国务院办公厅出台的意见，其法律性质为行政规范性文件，从调整范围来说生态补偿制度不仅适用于生态保护红线区，还涉及其他生态保护制度，其效力明显过低不利于生态补偿制度的构建。因此应当由国务院制定出台《生态补偿条例》将其上升为行政法规，并在其中结合生态保护红线区域的情况对生态补偿做出相应的规定。同时各地方出台的《生态补偿意见》也应当及时上升为地方政府规章或地方法规，并根据各地实践情况制定各地的生态补偿标准和补偿机制。

二、提高红线划定过程中公众参与程度

从国外的生态保护地系统的经验来看，不管是英国的自然保护区规划的编制和划定还是欧洲的生态网络制度的建立都十分重视各相关利益方的参与，甚至在很多时候相关利益方的意见能起到关键性的作用，弥补政府单方面的划定意见的不足使得规划更科学合理。同时在划定阶段就将各利益方的意见都进行了考虑和利益都进行了相互协调，因此在实施的过程中就会十分顺畅，并很容易达到制度本身想要达到的效果。所以在划定生态保护地区域的过程中引入公众参与机制有利于生态保护地系统的实施和目的的达成，有利于调动各相关利益方的积极性，并且扩大社会对于生态保护红线的关注，提高社会生态保护的环保意识和环保自觉性。因此我国应当借鉴国外的相关经验，改变目前政府绝对主导的划定模式，构建多方利益方参与的公众参与机制，在政府制定相关规划的时候就应当将生态保护红线涉及的相关利益方邀请参与生态保护红线的划定，积极听取相关利益方的意见，协调相关利益方的合法合理的利益，在各方积极协商的基础上科学合理地划定生态保护红线。其次应当在生态保护红线划定的过程中贯彻信息公开原则，构建信息公开制度增加生态保护红线划定的透明度，同时应当将生态保护红线划定所处的阶段和内容及时定期地对社会公众进行公布，并接受社会公众的监督和举报，对社会公众的质疑和呼声进行及时的回应。

三、统一管理机构职权

我国目前试点阶段建立的以地方各级政府为责任主体，各政府具有相关职能的组成部门作为直接监督执行部门的管理机构体制。这种体制虽然比起原有的自然保护区的管理体制在统一管理上有一定的改善，但是从本质上来说并没有从根本上解决我国传统的环保行政管理机构体制的弊端。目前红线管理机构需要解决以下几个问题，一是统一管理的问题，二是专业性问题。综观国外的管理机构体制的设立，总体来说可以分为两种模式，一种是

分部门分工进行管理，另一种是建立一个统一专门的监管机构进行管理。目前看来建立统一专门的监管机构是国际上的趋势。分部门分工合作都是建立在对生态保护区域的分要素的管理的基础上，而生态是一个整体和全局性的系统，单纯地关注各要素的监管而忽略了各要素之间的关系和系统的整体性是违背生态保护的客观规律的。因此建立统一的综合性的专门监管机构集中行使监督权和执法权是最优的办法，但是最好的不一定是最适合的，结合我国目前的具体行政管理机构设置和实际情况来看，建立一个统一的综合性的专门监管机构集中行使监管权不太现实。目前最适合最现实的办法是将生态保护红线的监管责任主体变更为各级环保部门，同时在立法中通过法律授权，明确环保部门的生态保护红线区的牵头监管权限和统一行使监督管理权的方式和程序，确定生态保护红线区域联合执法由环保部门统一牵头的地位，同时明确不服从协调和牵头的机关及相负责人的相应的法律责任和政治责任，将环保部门的统一监督管理职能落到实处，具有可操作性。其次建议省以下环保部门实行垂直管理，人财与当地分离，让环保部门执法不再受制于地方保护主义。

本书认为采用以上办法，可以解决目前我国生态保护红线的管理机构的专业性问题，也可以在一定程度上实现统一监管的目的，同时也可以兼顾目前我国现有的行政管理机构的现状。但是从长远来看未来应当着手我国环保行政监管体制改革，逐步实现建立统一综合性的专门环境生态监管机构。

四、科学设置红线区管理机制

对自然保护区域进行分级分区管理是国际通用的经验，我国的自然保护区域的监管也是分级分区。但是我国生态保护红线制度与自然保护区域制度还是有区别的，对于生态保护红线制度的管理机制的完善在借鉴国内外自然地保护制度的管理机制经验以外，更要注意到生态保护制度的自身价值和目标。因此我国生态保护红线管理机制的完善应当特别关注生态系统的完整性和底线的特性。基于以上两个方向的重要考虑，为了解决我国生态保护红线区管理机制的不合理之处，笔者建议先依据生态红线划定技术规范对生态保护红线划定，后再跟行政区域进行叠加，最终形成合理的生态保护红线区域。凡是跨多个行政区域的生态保护红线区域一概由涉及的多个行政区域的共同上级的管理机构进行监管，提升为该级生态保护红线区域，例如涉及同一地级市内的两县（区）就由该市的监管机构进行监管，若牵涉两个省份那么就设为国家级生态保护红线区，按照相应的规定进行监管。尽量保证生态保护红线区的生态系统性和完整性。其次生态保护红线区应当取消目前实践中分区管制的办法，回归生态保护红线的底线的内涵和要求，严格按照《生态保护红线划定指南》识别重要生态功能区、生态敏感区和脆弱区、生物多样性保护区以及禁止开发区，在此基础上叠加后形成一条生态保护红线，如果哪一区域达不到生态保护红线划定范围的生态价值要求，那就不应当将其划入生态保护红线，划入生态保护红线区域的地区只有生态恢复和保护重要生态区域的目的，绝对不允许警戒线和底线的范围内从事与划定目标相违背的建设活动，也不应当允许在生态安全警戒线和底线范围内还划分出缓冲和有商量余地的其他区域，同时对于生态保护红线区域应当严格监管，要让生态保护红线真正地成为"高压线"。复次整合生态保护红线区域制度和自然保护区域制度的法律适用，明确规定当两者划定的区域出现重叠时的冲突解决机制，具体来说应当明确规定当自然保护区的区域和生态保护红线区域重叠的区域发生法律适用冲突时，应当适用管控更为严格的生态保护红线的规定。

五、加强主体制度与配套制度间衔接

我国生态保护红线制度的实践已经取得了很大的成绩和进展，但是与生态保护红线制度相关的配套制度还有些滞后和简陋，配套制度的缺失和滞后将直接影响生态保护红线制度的实施。我国生态保护红线制度需要建立和完善的配套制度主要分两部分：一部分是生态保护红线制度内部配套制度的建立和完善，另一部分是生态保护红线制度的外部配套制度的建立和完善。内部配套制度总体来说主要有生态环境准入负面清单制度、绩效考核制度、统一的监管平台、信息公开、公众参与等制度。外部配套制度主要有生态补偿制度、党政领导干部生态环境损害责任追究制度、环境质量安全红线制度、资源利用上线制度。其中亟须建立的制度有负面清单制度、绩效考核制度以及统一的监管平台和资源利用上线制度，这些制度由于目前我国生态保护红线实践还处于部分地区试点的阶段，因此生态保护红线制度也只是搭建起一个基本的框架，内部细节制度还尚未建立和细化，但是这些制度的重要性不言而喻。具体来说建立负面清单制度应当注意负面清单所规定的禁止行为的完备性和科学性，一切与生态保护红线设立价值和目的相违背的行为应当一律纳入负面清单。绩效考核制度建立应当着重注意考核指标的细化标准化和统一化，同时要注重管理机关责任和管理机关负责人责任相结合，将具体管理失职责任落实到具体个人。建立统一监管平台，首先要整合目前各部门的监测系统、统一监测技术规范以及优化监测队伍，其次要结合生态保护红线的特征扩大监测范围，调整监测设备设置位置，填补监测工作覆盖空白的领域，例如对于持久有机物、污染物长距离越境转移等环境问题的监测。资源利用上线制度，应当依据我国的具体国情结合我国发展需要科学合理地设置各类资源利用数值，同时注意生态保护红线区域的特殊情况设置针对这一区域的资源利用数值和生态保护红线制度相衔接。信息公开制度和公众参与制度、生态补偿制度、党政领导干部生态环境损害

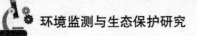

责任追究制度、环境质量安全红线制度，我国目前已经建立起了基本雏形，因此只需要在原有的雏形基础上进行完善，其中党政领导干部生态环境损害责任制度应当和绩效考核制度整合起来，将两种制度的处罚后果纳入政绩考核指标，与生态保护红线制度的越线法律责任相互配合形成监督合力。生态补偿制度的完善应当考虑地区间经济差异和红线划定地区和收益地区间的利益平衡以及补偿办法的多元化问题。完善环境质量安全红线应当从我国的环境标准制度的完善出发，首先要解决目前我国环境标准尚未区分污染防治标准和保障公众健康的标准，其次要整合和统一目前环境标准数值不统一的问题以及环境标准编制和适用的公众参与不足等问题。公众参与制度和信息公开制度应当加以细化，制定相应的实施细则，增加公众参与程度，发挥公众监督作用。

第六章　生态保护补偿制度研究

想要解决好私人的眼前利益和公共社会的长远利益二者之间的矛盾，就要依托生态保护补偿制度。事物都具有两面性，一方利益得到了满足，必有一方的利益有损失，生态保护补偿活动对于社会整体的环境利益是进步的，但对于保护生态环境的人来说，是有利益损失的。因此，建立补偿制度，对保护自然环境的人进行激励措施，鼓励他继续实施保护行为，才能取得环境保护的长远收益。在我国越发严重的生态破坏和环境污染状况下，引发了各方利益失衡的问题，导致我国的生态环境形势更加严峻，因此必须要尽快实现生态保护补偿的法律化。本章即对此进行研究。

第一节　生态补偿的理论基础

一、利益衡平理论

（一）利益衡平理论概述

利益衡平理论起源于德国的自由法学以及在其基础上发展起来的利益法学。利益法学的创始人、德国法学家赫克认为，法律之所以产生，原因就在于利益这一动因，没有利益，人们不会去制定法律，法律是社会中各种利益冲突的表现，是人们对各种冲突的利益进行评价后制定出来的，法律实际上是对利益的安排和平衡。20世纪60年代，日本学者加藤一郎与星野英一将其体系化。该理论主张对法律的解释应当更自由，更具弹性，解释时应当考虑实际的利益。利益衡平的最终结果应当尽可能最大限度地满足各种相关利益要求，在就冲突的利益主张给出的妥协方案中，应当在确保优位利益的同时把让位利益的牺牲降低到最低限度。利益衡平理论最初作为法官司法的一种方法论，是法官在审理案件时，在查明案情的基础上，通过利益的衡量，尽量使判决更加公正。实际上，利益衡平理论不仅可以适用于司法过程，也可以适用于立法过程，通过相关制度的设计来达到利益的衡平，特别是在环境资源问题领域，无论是生态利益还是经济利益都具有正当性，需要设置一定

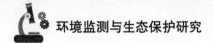

的制度使两者尽量趋于平衡。

社会资源是有限的，利益资源也是有限的，利益资源的有限性导致利益冲突的发生。当多个利益主体同时主张某项利益时，应当视为其利益和主张具有正当性和合理性。但资源是有限的，致使一个利益主体在获得其正当利益时，不可避免地与其他利益主体发生冲突。因主张利益的各方在利益需求上都具有正当性，法律作为社会控制的手段和机制，就必须对各种利益做出合理与不合理、合法与不合法的评判，并尽可能公正地衡平各种利益关系。法律不应当只是关注公共利益或者只倾向于保护个人利益，而是应当在两者之间寻求最佳结合点。法律的主要作用在于调整和调和种种相互冲突的利益，从而达成一个和谐的社会秩序。因此，无论是个人利益还是公共利益。必须在特定情形下进行利益的合理判断，并且应当具有协调各利益之间矛盾的具体规则。生态补偿体现的即是此种利益衡平理论，通过补偿，实现生态和利益与经济利益、公共利益与个人利益的平衡。

生态补偿的实质是要平衡生态系统带来的经济利益与生态利益之间的关系。生态利益由"生态"和"利益"两词构成。"生态（Eco-）"一词源于古希腊语 oikos，原意指"住所"或"栖息地"。据美国作家托马斯·穆尔（Thomas Moore）的说法，oikos 还指"人类的家园""庙宇""诸神之家，甚至是占星学意义上的'住宅'或一个行星之家"。在中国古代典籍中，"生态"一词中的"生"为汉字部首，是会意字（甲骨文字形，上面是初生的草木，下面是地面或土壤），本义系指草木从土里生长出来，滋长的意思。《说文》有"生，遮也。象州木生出土上"，《周易·系辞》有"天地之大德日生"，《荀子·王制》有"草木有生而无知"等说法。在中国传统文字的使用中，"生态"的词义主要有以下三种：一是指"显露美好的姿态"，南朝梁简文帝《筝赋》中谈道："丹黄成叶，翠阴如黛。佳人采援，动容生态。"《东周列国志》第十七回谈道："（息妫）目如秋水，脸似桃花，长短适中，举动生态，目中未见其二。"二是指"生动的意态"，唐杜甫《晓发公安》诗曰："邻鸡野哭如昨日，物色生态能几时。"明刘基《解语花·咏柳》词曰："依依旋旎、端娴娟娟，生态真无比。"三是指"生物的生理特性和生活习性"。秦牧《艺海拾贝·虾趣》中提道："我曾经把一只虾养活了一个多月，观察过虾的生态。"目前，"生态"一词的使用范围非常广泛，其不只是一个生物学概念，已上升为具有广泛含义的哲学概念和一种世界观——事物和事物之间自然形成的内在关联。这种生态关联使事物之间既对立又统一，部分构成整体，整体也构成部分，宇宙万物处于相互依存、相克相生、不断变化发展之中。生态词性亦发生了变化，已不再只是一个名词性概念，不只是指在一定的自然环境下生存和发展的状态或生物的生理特性与生活习惯，而今已演化为如何行动的问题。于是，"生态化"一词成为当下较为时尚的用语，"法律生态化""教育生态化""政治生态化"等论题也不断出现在人们的视野中。不同学科由于研究方法和目的的不同，涉及"生态"一词时其含义也有所不同。

生态学中的生态是指生物有机体和它赖以生存的外界环境之间相互关系的表现状况。在自然界鸟飞、鱼游、人类世代绵延、树木生长等都是生态。简言之，即生物生活的状态。而生物得以生活，是基于和外界环境有着复杂的有规律的联系。例如，树木、庄稼、花草等陆生植物，扎根在地下。茎秆枝叶伸展在空中，通过与外界环境进行光、水、气和营养物质等吸收、转化、释放的代谢过程，表现出生长、发育、开花、结果等生命现象，并繁衍进化。同时还在一定程度上影响并改变了外界环境的状况与类型。在生态学中，生态是一种客观存在的关系性概念。"生态环境"一词中的"生态"来源于生态学中的生态。而生态环境，就是生物生存的空间。不同类群的生物要求并适应不同的生态环境。例如，水生动物（鱼类等）的生态环境是江、河、湖、海等水体，和水中供鱼类食用的其他水生动物和植物，以及水与大气的界面以供应氧气等综合的环境。陆生植物的生态环境是大气中的光、温度、水、气和土壤中的营养元素与水分等的综合。飞禽的生态环境是供它栖息和觅食的森林与沼地，以及任其翱翔的天空。至于人类的生态环境，则有个按照人类的要求由较简单到愈趋复杂的过程。原始的人类只要在有食源（野兽、野生可食植物）、水源和能避风寒的树丛、洞穴的环境中即可生存。但随着人类社会的进化，科技的发展，人们的衣食住行越来越现代化，对外界环境的要求也就相应地变高了。由于生物资源的大量被采用以及能源的被耗费，人类的生态环境的范围远大于过去，向高空、深水、地壳深层逐步推进。而同时，人类通过改造环境、创新物种等技术手段，对环境的影响力不断增大，相互关系也愈加错综复杂了。但是，所谓生态环境，万变不离其宗，就是各生物类群通过长期适应，能够在其中生存发展的外界空间的总体。大千世界，物种纷繁，但各得其"所"，这个"所"，可以说是对"生态环境"一词的最高度的概括。

（二）利益的含义

关于利益的含义，有着不同的学说，主要有需要说、客体说、价值说三种。"需要说"认为利益就是满足的需要，在《中国大百科全书·哲学卷》中，对"利益"条目的解释是，"人们通过社会关系表现出来的不同需要"。捷克经济学家奥塔·锡克认为："成为利益的，通常只是引起人们最强烈的情绪和感情的需要满足，或需要的满足是不充分的，并因此唤起他的持久注意和他对充分满足这种需要的追求。"赵奎礼认为："利益，就是指人们对周围世界一定对象的需要。"凌厚锋等指出："利益是主体对于客体作用的价值肯定，即某种客体（物质的和精神的东西）能够满足主体（个人、集体和社会）的某种需要。"

王浦劬教授认为："利益就是基于一定生产基础上获得了社会内容和特性的需要。"沈宗灵先生也认为："利益是人们为了满足生存和发展而产生的各种需要。""客体说"可以分以下三种观点：第一种观点认为"利益"就是好处。在中国《辞源》和《现代汉语词典》中，利益都被解释为"好处"。它和"弊"或"害"相对立。从词源学角度讲，"利"表示使用农具采集果实或收获庄稼，引申为对人有用的行为和事物。"益"同"溢"，指水漫出容器之外，引申为增加或增值。可见，"利"表达质的概念，表示对人有好处的物，而"益"表达量的概念，表示好处有所增加。第二种观点认为利益就是主体需要的对象，视利益为纯客观的东西。例如，苏宏章认为："利益就是指一定的社会形式中由人的活动实现的满足主体需要的一定数量的客体对象。"又如颜运秋先生将利益理解为："对主体的生存和发展具有一定意义的各种资源、条件机制等有益事物的统称。"第三种观点认为利益是使人快乐、幸福的事物。18世纪法国唯物主义者爱尔维修曾指出："一般人通常把利益这个名词的意义仅仅局限于在爱钱上，而我是把它一般地应用在一切能使我们增进快乐、减少痛苦的事物上的。"在此基础上，霍尔巴赫则明确地将利益界定为："人的所谓利益，就是每个按照他的气质和特有的观念把自己的安乐寄托在那上面的那个对象。由此可见，利益就只是我们每个人看作是对自己的幸福所不可缺少的东西。""价值说"认为利益是价值的实现或肯定。郭文龙认为："利益就是有利于主体自身生存和发展的价值关系。"张江河认为："利益，就是主体在实现其需要的活动过程中通过一定的社会关系所体现出的价值。"本书对利益概念的界定采用"价值说"，认为利益是客体对主体一定需要的满足。需要与利益既一致又有区别。需要本身不是利益，不能把需要和利益混为一谈。需要是人的生命活动的表现，是人作为需要主体对需求对象的需求和满足，反映了人作为需求主体对需求对象，即人维持生命的物质生活条件和精神生活条件的直接依赖关系。而利益则是在需要基础上形成的，是人对需要的兴趣、认识，人与人之间对需求对象的分配关系。利益反映的是人与人之间的社会关系即人与人之间对需求对象的一种分配关系。利益是必然经过社会关系才能体现出来的需要。

（三）生态利益的内涵

1.生态利益的界定

在不同学科领域，"生态利益"一词作为学术概念被广泛使用。在环境法研究领域，部分学者往往将"生态利益"作为一个成熟的概念直接使用。然而，对何为"生态利益"在学术界尚未形成统一的认识。学界关于生态利益概念的认识，可以归纳为以下五种学说：

（1）生存条件说。这一观点以叶平教授为代表，他认为生态利益是指生物的生存或繁茂必须满足的那些物质和生态条件。该观点认为生态利益的主体是包括人类在内的所有生物，同时将生态利益界定为满足生物生存和繁茂的一定物质和生态条件。

（2）生物利益说。王利将生态利益界定为生物的持续生存以及其与环境和谐共处的利益。该观点认为生态利益包括两部分：一部分是生物的生存利益；另一部分是生物与环境和谐共处的利益。

（3）人类生存和发展价值说。黄爱宝认为，所谓生态利益就是指人类生存与发展必须处于一种稳定和谐的生态环境之中，只有这种稳定和谐的生态环境才能满足人类持续生存和发展的需要。廖华认为，生态利益是指生态环境作为人类生存系统对人类持续发展和永续繁衍的价值。这两种定义方式体现的是生态环境满足人类生存和发展需求的价值。

（4）人类客观利益说。梅宏认为，所谓生态利益，是指生态系统提供给所有人（包括当代人和后代人）的客观利益，该利益表现为确保人的生命和健康的安全、生命系统的安全、生态系统的安全等。该定义提示了生态利益的客体是生态系统，同时认为生态利益主要指安全方面的利益。

（5）生态成果说。刘秀玲认为，所谓生态利益是指以人类为主体的生态系统中满足人类生态需要的一定数量的自然生态成果。严奉宪也认为，所谓生态利益是指以一定的人为主体的生态系统中满足人们生态需要的一定数量的自然生态成果。以上观点中，关于生态利益概念的分歧主要集中在三方面：一是对利益的本质理解不同；二是对生态利益的主体认识不同；三是对生态利益的内容理解不同。下文对此做一简要评析。

对利益本质的理解，生存条件说和生态成果说采用利益本质的"客体说"，将利益理解为是一种客观存在的条件或成果；人类生存和发展价值说采用利益本质的"价值说"，将利益理解为客体对主体一定需要的满足。对利益本质理解的不同，不是诸概念之间的根本分歧，不会影响到对生态利益本质的理解。本书采用利益本质的"价值说"，认为利益是客体对主体一定需要的满足。

对生态利益主体的理解，生物生存条件说和生物利益说认为生态利益的主体是生物，而其他观点认为生态利益的主体是人类。本书认为将生态利益的主体界定为生物，忽视了生物需求与人类利益之间的区别，是不科学的。

依据人类生存和发展价值说，生态利益包括生态环境提供给人类的生存利差和发展利益。但该说关于生态利益内容的理解过于宽泛。人类从生态环境中获得的生存利益和发展利益内容众多，既包括物质性利益也包括非物质性利益，而生态利益不包括物质性利益。依据人类客观利益说，生态利益主要是指生态系统提供给人类的安全利益，该说虽然在一定程度上承认了生态利益的非物质性，但对生态利益内容的理解过窄，生态利益不仅包括安全利益还包括如享受美景、文化传承等非物质性利益。生态成果说将生态利益的内容表述为"生态需要",而何为"生态需要",仍然是一个比较模糊的概念。

从规范法学分析的角度出发,对生态利益的概念进行界定,其逻辑前提是,需要对生态利益的主体、客体及内容做深入剖析。第一,生态利益主体界定。如前所述,学界对生态利益的主体存在不同的认识。本书认为,生态利益是指人类的利益,而非生物的利益。不可否认,生物本身存在诸多需要,例如,需要生命存在所必需的阳光、空气、水源等,但这些仅仅只是生物的本能需要,并不能称其为生态利益。需要与利益是两个不同层次的概念,无论是生态还是人类都有需要,但只有人类的需要才能上升为利益。利益以需要为基础,人的需要是利益产生的基础,但人的需要不同于利益,人的需要包括自然性和社会性两方面,而利益是人的社会性需要。"需要反映的是人对客观需求对象的直接依赖关系,而利益则反映的是人与人之间的社会关系即人与人之间对需求对象的一种分配关系。"利益是人类所特有的,人以外的其他生物无所谓利益。因此,生态利益是人类的利益而非所有生物的利益。

第二,生态利益客体界定。生态利益客体是生态利益主体追求并实现满足的客观对象,也即生态利益的客观载体。从字面理解,生态利益是生态带给人类的利益。但生态本身并不是生态利益的客体。生态是指生物与其周围环境的关系,该关系的产生需要有一定的载体。生态系统是承载生物与其周围环境关系的功能单位,是有机体与其周围环境在特定空间的组合,其包括淡水生态系统、海洋生态系统、森林生态系统、湿地生态系统、草原生态系统等多种类型。作为一种客观存在,生态系统作为生态利益的载体,更具有逻辑上的合理性。

第三,生态利益内容界定。如前所述,生态利益的客体是生态系统,因此生态利益的内容受生态系统服务功能的制约。生态系统服务功能多种多样,而且各种功能之间关系错综复杂,因此要对生态系统的服务功能进行全面、完整的分类比较困难。目前学者们对生态系统的服务功能有多种分类方法,其中最具有代表性的是联合国千年生态系统评估项目对生态系统服务功能做出的分类。其将生态系统的服务功能分为四类,分别是:供给服务功能、调节服务功能、文化服务功能以及维持这些服务的支持服务功能。供给服务功能是生态系统提供食物、淡水、薪材等物质产品的功能;调节服务功能是生态系统提供气候调节、疾病调控等无形服务的功能;文化服务功能是生态系统提供精神与宗教、美学享受等精神性服务的功能;支持服务功能是对于所有其他生态服务的生产必不可少的服务,如土壤形成、养分循环等功能。在这四种功能中前三种功能是与人类的利益直接有关的,而支持服务功能为其他服务功能的发挥提供物质基础。

　　生态系统服务功能与生态利益是两个既有紧密联系又相互区别的概念。生态系统服务功能是从生态系统自身的运行和过程出发，研究其对人类发挥的有利作用。而生态利益是从人的需求出发，研究人类对生态系统的需要。两者在某种程度上是一个事物的两方面，但生态系统服务功能和生态利益并不是一一对应的关系。例如，生态系统的支持服务功能只是为其他功能的发挥提供作用，不会和人类的利益直接发生关系。同时，并不是客体对主体所有需求的满足都能被称为利益，只有当这种需求具有一定的稀缺性时，需要才能转化为利益。"当需要能够畅通无阻地得到实现时，亦即需要的满足不成为问题时，需要并不能转化为利益。例如，在人们能够自由自在地呼吸新鲜空气时，人对空气的需要并不会转化为利益，但是，随着空气污染的日益严重，人们呼吸新鲜空气变得非常困难时，人们对清洁空气的需要就成了人们的利益所在。"

　　人类的需求有不同的类型，有物质需求、精神需求之分。根据马斯洛的需求层次理论，人类的需求从低到高分为生理需求、安全需求、社交需求和自我实现的需求。人类的需求是生态利益的主观方面，生态系统的服务功能是生态利益的客观方面。从人类的需求出发，以生态系统的服务功能为基础，生态利益可以分为生态物质利益、生态安全利益和生态精神利益。生态物质利益是指生态系统带给人类生存和发展所需的食物、淡水、薪材、药品等生活资料，是生态供给服务功能在生态利益上的反映。生态物质利益不包括生态系统为人类提供生产资料的服务功能，该功能属经济利益的范围。法学所关注的生态利益正是由于人类在很长一段时间内为了满足经济利益的需求而受到威胁和损害的利益。因此，生态利益是独立于经济利益的一项新型的利益范畴。生态系统在给人类提供生存和发展所需的生活资料的同时。也给人类提供了一个安全的生存场所。虽然生态系统自发的能量运动也会给人类的安全带来威胁，但在当下更值得关注的是人类的行为导致的生态异常现象，例如，极端气候现象的发生、疫情的蔓延、洪涝灾害等自然灾害的发生。之所以会存在这一系列的不安全因素，是由于人类的行为破坏了生态系统调节气候、调控疾病、调节水资源的服务功能。因此，对于生态系统的这些功能反映在生态利益上可称其为生态安全利益。人类从生态系统中获得的精神与宗教、消遣与旅游、美学、教育等非物质方面的惠益反映在生态利益上即为生态精神利益。

　　在不同的历史时期人类对生态利益的侧重有所不同：在物质相对匮乏的农业社会，人类更多追求生态物质利益的满足；在物质极其充裕的工业社会，生态系统受到极大的破坏，人类的生存受到很大的威胁，此时人类会更关注生态安全利益；在现代社会，随着人类需求层次的提高，人类开始关注生态精神利益。同时，在生态利益内部也存在矛盾冲突，对生态物质利益的过高追求会影响到生态安全利益，过度地关注生态安全利益和生态精神利益也会使人类的生态物质利益的满足受到一定限制。因此，需要法律对这些利益进行协调平衡。

基于以上分析，本书给生态利益下这样一个定义：生态利益，是生态系统对人类非物质性需求的满足，包括安全生存的利益、享受清洁空气的利益、享受优美景观的利益、获取知识的利益等。

2. 生态利益的特征

生态利益是不特定公众所享有的非排他性利益。如人类从生态系统中获得的调节气候的利益、享受清洁空气的利益等，是不具有竞争性和排他性的公共利益。生态利益的公共性特点是其与经济利益相区别的一个重要特征。

生态利益的公共性使得对生态利益的保护具有外部性，因此以追求经济利益为主要目标的市场主体往往不会主动对生态利益进行保护，而且在追求经济利益的过程中不惜牺牲人类的生态利益。如何协调经济利益与生态利益之间的矛盾是生态文明建设过程中面临的重大课题。法律在对各种利益进行关注时，首要的是要确定利益的属性。根据利益属性的不同，法律对其进行保护的方式也会不同。庞德在讲到保护利益的方法时说道，对于个人利益的保护"首先应确定谁的利益应被认可和保护""对公众利益的保护首先是通过将法定权利、法定权力和优先权赋予作为法人的政府或公共团体"。因此。对于私益的保护。需要法律以权利的形式将利益的主体内容和界限予以规定，他人只要不对该利益进行侵犯，该利益就能得到有效保护。而对于公共利益的实现更重要的是靠政府或公共团体积极的供给行为，而不是消极的不侵犯行为。对于生态系统供给服务功能带给人类的经济利益而言，法律可以通过传统的对财产权的保护方式对该利益予以保护。法律在对具有公共属性的生态利益进行保护时就需要更多地运用公权力的手段、更多地发挥政府的作用。

生态系统对人类的影响不是通过某个和人类直接发生关系的生态因子实现的，而是通过生态系统中各个因子之间的相互作用体现出来的。从该种意义上来讲，生态利益具有间接性。例如，同样是空气污染问题，如果空气的污染是由人类向空气的排污行为造成的，此时人类受损的环境利益是直接的，其关系模式是：人→空气→人。如果空气污染是由于人类大面积砍伐森林的行为而导致森林生态系统净化空气的功能降低而造成的，此时人类受损的环境利益是间接的，其关系模式是：人→森林→空气→人。此时森林带给人类的净化空气的利益即为环境利益中的生态利益。正是由于生态利益的间接性，往往容易被人类忽视。在面对森林时，人类往往只考虑到其带给人类直接的经济利益，而忽视了其带给人类净化空气、调节温度、调控疾病等间接的生态利益。在法律推进生态文明建设的过程中更要注重保护人类间接性的生态利益。

同时，生态利益具有潜在性特点。所谓生态利益的潜在性是指，生态利益损害结果的发生与人类对生态系统的破坏往往不具有共时性。生态利益损害的结果可能在生态系统被破坏之后很长时间才会显现。正是由于生态利益的潜在性，使人类在很长一段时间内忽视该利益的存在。人类往往只为追求当下的显在利益而忽视了未来的潜在利益。因此，对生态利益的保护要衡平好当前利益与长远利益的关系。

另外，生态利益还具有辐射性。所谓生态利益的辐射性是指生态利益在人类众多利益形态中占据中心地位，生态利益受损会引发其他一系列的社会问题，从而导致人类的其他利益受到损害。生态利益的破坏和失衡带来的不仅是生态危机。同时会引发其他危机。例如，由于资源的短缺而引发的战争危机、经济危机。生态问题往往是和其他问题交织在一起的，同时生态利益与其他利益存在一定的矛盾冲突。其中生态利益与经济利益的冲突最为明显。

之所以出现生态问题、产生生态危机，主要原因就在于没有处理好生态利益与经济利益之间的关系。人类过度追求经济利益，而忽视了对生态利益的保护。当生态利益受损时也会阻碍经济的发展，于是产生了恶性循环，从而使人类的生存和发展面临诸多困境。因此，认识到生态利益所具有的辐射性特征，在此基础上处理好生态利益与其他利益，特别是生态利益与经济利益、社会利益的关系，是法学研究在对"生态"进行关注时需要解决的关键问题。

3. 生态利益与环境利益

正确理解生态利益的内涵，需要厘清生态利益与环境利益的关系。由于学者对"生态"与"环境"概念认识的混同，认为生态即环境、环境即生态，于是在提及生态利益时很容易与环境利益混为一谈。实际上"环境"与"生态"是有区别的两个概念。环境是指围绕某一中心事物的周围事物。对于围绕某一中心事物的周围事物而言，既可以是单独的某个事物，也可以是某几个相互联系的事物组成的有机联系的整体。环境既可以表现为单独的有机体（如野生生物），也可以表现为单独的无机体（如水），还可以表现为有机体与周围的事物组成的关系（即生态）。因此，环境的范围要大于生态的范围，环境包括生态环境。《中华人民共和国宪法》（以下简称《宪法》）将环境分为生活环境和生态环境两类。徐祥民教授在《环境与资源保护法学》一书中，按照环境对人类影响方式的不同，将环境分为生活环境和生态环境两类。生活环境是与人类生存直接相关的环境；生态环境是对人类的生存发展具有基础支持作用的环境。另外，周珂教授在《环境法》一书中，也将环境按照对人类生存的意义分为生活环境和生态环境两类。这种分类是有一定的合理性的。生活环境是对人类的生活有直接影响的环境。其对人类影响的过程是这样的；人类的行为使该环境要素受到了影响，该环境要素反过来会直接对人类造成不利影响，该种不利影响不需要通过其他的环境要素。

例如，人类的行为污染了空气，人类再呼吸上被污染的空气后会对人的身体健康造成一定的影响。而生态环境对人类的影响是间接的，人类的行为使某一个生态要素受到了影响，该生态要素会影响其他的一个或几个生态要素，从而对人类的生存和发展造成不利影响。例如，人类砍伐森林的行为，使森林受到了破坏，森林的破坏影响到了气候，使全球气候变暖，全球气候变暖使海平面升高，从而威胁到人类的生存和发展，此种环境问题即为生态问题。生态环境对人类生存和发展影响的间接性是由生态的关系性特点决定的。

生态本身就是一个关系性概念，其是由一系列生态要素组成的相互联系的整体，各要素能量的流动导致互相之间发生影响。正是由于生态环境对人类影响的间接性，所以往往容易被忽视。人类对环境问题的认识也经历了从只关注生活环境问题到生活环境问题与生态环境问题共同关注的过程。生活环境问题主要表现为大气污染、水污染、噪声污染等，生态环境问题主要表现为全球气候变暖、灾害气候突发、生物多样性锐减等。正因为环境可分为生活环境和生态环境两类，相对应地，环境利益也分为生活环境利益和生态环境利益。生活环境利益与生态环境利益之间存在互相转化的可能。例如，大气污染会改变生态系统基本成分的循环，从而打破生态系统原有的平衡造成人类生态利益的损害。同时，生态系统的破坏也会加剧生活环境利益的受损程度。明确环境利益与生态利益的关系，有利于合理确定环境法学的体系，按照环境利益的分类，国内环境法包含环境污染防治法和生态环境保护法两部分，这也是周珂教授在其编写的《环境法》一书中采用的体系。

4. 生态利益与经济利益

生态利益是独立于经济利益的一项新型利益。利益是一个十分庞大与异常复杂的体系，是由不同性质、不同特点、不同功能、不同类别的利益有机地集合而成的。按照不同标准可以对利益进行不同的分类。例如，按照一般与个别的关系来划分，利益可以分为个别利益、特殊利益、共同利益、一般利益（普遍利益）；按照利益的实现范围来划分，可以划分为局部利益、整体利益；按照利益的主体差别来划分，可以划分为个人利益、群体（集体、集团）利益、社会整体利益，在这个基础上，还可以划分为家庭利益、企业利益、单位利益、地区利益、阶层利益、阶级利益、民族利益、国家利益等，甚至还可以划分为某个具体主体的利益，如农民阶级利益、工人阶级利益等；按照利益实现的时间来划分，可以划分为长远利益、眼前利益；按照利益实现的重要程度来划分，可以划分为根本利益、暂时利益；按照利益实现与否来划分，可划分为将来利益、既得利益；按照利益的客观内容来划分，可以划分为物质利益和精神利益、经济利益和非经济利益。非经济利益又包括政治利益、文化利益、生态利益等非物质性利益。

经济利益与生态利益两者存在对立统一的关系。人类曾一度只注重自然资源的经济功能而忽视其生态功能，一味地为了获取经济利益而牺牲生态利益。随着经济的不断发展，生态环境的恶化，人类意识到生态利益的存在性与重要性。生态利益是经济利益的基础，如果生态利益的损害达到一定的极限，人类的经济利益将成为无根之木。因此，如何协调经济利益与生态利益两者之间的关系，是需要研究的重要课题。

生态利益概念的提出，是现代社会环境意识和权利意识觉醒的必然。工业革命以来，随着全球生态危机和环境破坏日益严重，人们对不受污染和破坏的、良好的生态环境产生了普遍需求，由此催生了生态利益概念的诞生。

生态利益的含义并不是大而广之地包括人类从生态系统中所获得的所有惠益，其只包括之前曾被人类忽视的，而现今由于生态危机的冲击以及人类需求层次的提高，进入人类视野的那部分利益。在不同历史阶段，人类所意识到的生态系统的服务功能是不同的。在物质需求不断提高的工业社会，人类更为重视的是生态系统的物质供给服务功能，人类从生态系统中不断地获取食物、原材料等物质产品。随着人类对生态系统贪婪地掠夺，困扰人类的全球生态危机不期而至：气候变暖、臭氧层空洞、自然灾害频发等。此时，人类才意识到生态系统提供给人类的不仅是食物、原材料，同时它们还有调节气候、调控疾病、净化水质等非物质性的功能。

随着人类物质需求的不断满足，人类的需求向更高层次的精神需求扩展，此时，人类还意识到生态系统还能提供给人类美学享受、文化教育等非物质性功能。正是在这一背景下，生态利益一词也与经济利益一词同时出现，被视为独立于经济利益的一种新型利益，因此协调经济利益与生态利益的关系成了诸多学科关注的焦点。法学所关注的生态利益也正是由于人类在很长一段时间内为了满足经济利益的需求而受到威胁和损害的利益。因此，生态利益是独立于经济利益的一项新型、具有广泛需要的利益，需要进入法律的调整范畴。

5. 生态利益与环境法学

不同学科对生态问题关注的核心不同。生态平衡是生态学所关注的核心。生态学通过对生态的研究，运用生态规律，采用一系列技术性手段对生态平衡予以调节、恢复；生态效益是生态经济学所关注的核心，生态经济学以期通过衡量生态效益，利用市场机制，促进生态效益的最大化；生态价值是生态伦理学关注的核心，生态伦理学通过对生态内在价值的关注，以提醒人类对生态的道德关怀。

利益始终是法学所关注的核心。在法学视野下无论是实现生态平衡、提高生态效益还是扩大道德关怀，其目的都是维护人类的利益。法起源于利益之间的斗争，法的最高任务就是平衡利益。庞德指出："法律的功能在于调节、调和与调解各种错杂和冲突的利益……

以便使各种利益中大部分或我们文化中最重要的利益得到满足，而使其他的利益最少地牺牲。"法学正是通过对复杂的利益关系进行衡量，运用法律规范对利益关系进行协调从而实现对人类正当利益的保护。庞德用另一句话表达了利益与法之间的关系："利益是个人提出的，它们是这样一些要求、愿望或需要，即如果要维护并促进文明，法律一定要为这些要求、愿望或需要做出某种规定。"因此，发现各种利益并实现各种正当利益是法的任务，也是法学区别于其他学科的重要方法。法学的发展不是靠对自身概念的逻辑排演。而是来源于现实生活人类的利益以及利益之间的冲突。因此，当法学对某一社会问题进行关注时，首先思考的是在这一社会现象中涉及哪些利益、哪些利益是正当的、数个正当利益之间发生冲突应如何平衡。利益法学就是在批判概念法学的基础上发展而来的法学方法论的革新。法的利益解释回归了法的现实主义功能，使法学研究走出了仅限于概念、逻辑的抽象思维的藩篱，而回归到可以把握和感知的现实利益。

法学对生态问题进行关注时，首先需要考虑的是生态问题究竟使人类的哪些利益受到了损害或威胁，在此基础上思考构建什么样的法律制度对这些利益进行保护和协调。因此，法学对生态问题关注的核心不是"生态"本身，而是"生态"带给人类的利益，即生态利益。实际上，之所以产生生态危机就是由于人类没有意识到生态利益的存在或者为了追求其他利益而破坏了生态利益。法学在关注生态问题时应始终围绕生态利益的保护以及生态利益与其他利益的衡平问题。因此，生态利益是法学对生态问题关注的核心。

如前所述，由于法学在对生态问题进行关注时，尚未形成自身独特的、获得共识的关注视角，因而往往将其他学科的概念移植到法学中使用。最为典型的是将伦理学中的"生态价值"概念直接使用到法学中来，主张法律要重视生态自身的内在价值。因此，"非人类中心主义"伦理观成为环境法学界研究的重要理论，在该理论的引导下环境法学的研究向"非人类的方向发展"。"非人类中心主义"反对仅以人为尺度判断自然的价值，主张对人以外的生命予以尊重和保护。环境法学以此为理论基础，突破了传统的法学理论，将法律规范的主体扩展到人以外的自然物，主张法律对"自然的权利"予以确认，承认环境法既调整人与人的关系也调整人与自然的关系。环境法的主体是否包括自然？环境法是否能调整人与自然的关系？一直以来，这些问题都是环境法学界争论的焦点。本书认为这些争论是对环境法学研究力量的浪费。不得不承认。对生态内在价值的关注是人类道德水平提高的一个重要标志，是社会进步的必然结果。然而，生态内在价值是伦理学对生态问题关注的结果，对生态内在价值的保护方式也仅限于道德手段。法律是最低限度的道德，如果将较高的道德法律化，势必超出法律的能力范围。"非人类中心主义"所倡导的伦理观是对人类道德的较高要求，其具有价值的正当性，却不具有法律化的可行性。将生态价值作为法学对生态问题关注的核心，将会使环境法学的研究误入歧途，不仅会引起法学理论的混乱，同时以此为理论基础设计的法律制度也很难得到适用。

"法律的任务在于承认、确定、实现和保障利益，或者以最小限度的阻碍和浪费来尽可能满足各种相互冲突的利益。"对利益关系进行调整是社会赋予法律的功能。撇开人类的生态利益而靠伦理关怀的扩大解决生态危机是不现实的。"人类中心主义"不是形成生态危机的罪魁祸首，正是人类利用智慧满足自身不断提升的需求的过程中，发现了生态的多重价值。同时，人类也是在对自身利益否定之否定的不断矫正中改变着对生态的态度。人类越发展，社会越进步，人的需求就越高级，对应的反映人与人之间关系的利益内容就越丰富。生态利益正是随着人类认识水平的提高而发现的新型利益。环境法应回归以保护"人类的生态利益"为己任的功能，而不应去追求"非人类中心主义"所倡导的自然的内在价值、自然的权利等虚无缥缈的事物。

生态系统具有多重服务功能，其既能给人类带来直接的经济利益，又能带来间接的生态利益；既能给人类带来物质利益，又能带来精神利益；既能带来私人利益，又能带来公共利益。而在这一系列的利益当中存在一定的矛盾冲突。生态危机的本质就是利益冲突。之所以产生生态危机，就是由于人类受其认识水平所限，只注重了生态带来的经济利益、私人利益，而忽视了其带给人类的具有非物质性和公共性的生态利益。而无论是经济利益还是生态利益，无论是私人利益或是公共利益都具有其存在的正当性，法律很难在其中做出非此即彼的取舍。虽然具有私益性的经济利益与具有公益性的生态利益之间存在矛盾冲突，但两者之间也存在互相促进的统一关系。一味地牺牲私人的经济利益，带来的结果必然是贫困和不公，而贫困和不公会加剧对生态的破坏行为；而一味地满足私人的经济利益，毫无疑问也会造成生态利益的损害。

相比"非人类中心主义"主张的自然价值论、自然权利观，是更为务实的解决中国生态危机的可行之道。

二、生态补偿的其他相关理论

（一）外部效应理论

外部效应理论是经济学中重要的理论基础之一。外部效应又称外部性或外在性，是指自然人或法人的行为对他人产生了利益或成本影响，并未获取相应的收益或承担相应的成本。外部效应可能对承受者有利，也可能对承受者不利。于是，按照外部效应结果的不同，外部效应可分为正外部效应和负外部效应。约瑟夫·斯蒂格里茨说："只要存在外部效应，资源配置就不是有效的。"外部效应的存在会导致两种后果：商品的供过于求与供不应求。当存在正外部效应时，行为者会比社会承担更多的成本，于是存在外部效应的物品就会出现供不应求的情况；当存在负外部效应时，行为者会比社会获得更多的收益，因此就会出现供过于求的状况。生态效益具有典型的正外部性。生态经营者在经营生态系统过程中产生的生态效益具有公共物品的非排他性，一定主体对生态效益的享受和消费不影响其他主体对其进行的消费，无论付费与否都不能将主体从这一消费中排除出去。这种外部效应产生的直接后果就是生态公共产品的供应不足。为了增加生态公共产品的供应，须对生态效益的正外部性现象进行纠正。生态补偿就是对这种正外部性现象进行纠正的重要方式。

（二）生态资本理论

资本是指能够带来剩余价值的价值。传统意义上的资本是指可以获得利润的货币和机器等生产资料。随着人类消费水平和消费层次的提高，资本的范围不断扩大。生态资本这个概念也被提出，并得到社会的普遍接受。沈满洪认为："生态资本是指存在于自然界，能够给人类带来持续收益的自然资产。"生态资本一直为人类提供重要的利益保证，但是长期以来没有受到人类的重视。随着生态资本稀缺性的日益凸显，生态资本满足不了人类的正常需求，才为人类所重视而成为经济发展过程中的内生变量。人们意识到，不能只向自然索取，而是要投资于自然。生态资本不像物质资本与人力资本那样通过投入就能很快增加它们的存量，生态资本的增加往往需要相当长的时间。同时，生态资本的增加有时候不需要物质上的投资，只需要适当保护，生态资本就可以不断地自我增值。

生态不是无价的自由物品，而是有价的经济资源，随着经济社会的发展，生态资源呈现出日益稀缺的趋势，因此，生态价值呈现增值趋势。既然生态价值呈现增值趋势，那么人类可以像进行经济投资一样进行生态投资，实现生态资本的增值。由于生态资本具有公共性和外部性特征，只有建立生态保护补偿机制才能激励人们从事生态投资活动。生态投资指的是为了增加未来的经济发展能力，从而增加未来的人类福利。

生态资本理论为生态投资的可能性和必要性提供了理论依据。由前文所阐述的生态资本理论可知，当人们认识到生态资源是一种资本以后，就意味着不能把生态资源只看作一种财富，还应把它看作财富的源泉之一。人类的一切发展和经济活动都是建立在这一资本之上的，其存量的多少决定了经济增长的界限。生态资本和其他资本存量一样会因使用而减少，也会相应减少这种资本的产出，即经济增长流量；但同时，生态资本也会因投资而增加，从而增加经济产出的总量以及增加生态资本产生的财富流。由于生态资本自身的增值性，决定了对生态资本投资就必然会有相应的产出，这是进行生态投资的可能性。

生态投资是实现生态资本增值的必要途径。生态投资包括积极投资和消极投资两种方式。所谓积极投资是指社会各有关投资主体从社会积累基金、各种补偿基金以及消费基金中拿出一定数量的资金，以货币、机器、设备等资源的实物形态投入环境保护的各项活动中，以形成自然资本存量增加的一种经济活动。所谓消极投资是指相关主体通过放弃从生态资本中获得的一定经济利益而确保生态资本存量的增加。生态利益要遵循的总原则是使得经济利益最大化的同时，保持生态环境产生可持续的功能和保持优良的质量。要鼓励人们从事生态保护活动，必须有健全的生态保护补偿机制，这一机制的建立对生态保护工作者更具公平性。因此，生态资本理论对建立和完善生态补偿机制具有重要的理论意义。

（三）公共物品理论

公共物品理论是研究公共事务的一种现代经济理论，有狭义和广义之分。狭义的公共物品是指纯公共物品，但回归现实生活来看，大部分物品的定义介于纯公共物品和纯私人物品这两者之间，不能单纯地直接定义，所以经济学上一般统称为准公共物品。广义的公共物品就包括了纯公共物品和准公共物品。结合本书来看，整个生态系统通过外在的物质循环和内在的能量转换，依靠生物的自然功能，为人类社会提供了仅靠太阳和地球或者人类自身无法满足的物质资源和生态服务功能，那么此时的生态系统就是广义上的公共物品。

2013年习近平总书记曾提出："保护生态环境就是保护生产力，改善生态环境就是发展生产力。良好生态环境是最公平的公共产品，是最普惠的民生福祉。"我们知道，生态系统可以向外界释放氧气、水源等有利于人类生存与发展的物质，同时可以吸收人类活动带来的二氧化碳、二氧化硫等有害物质。然而，有的生态系统为人类社会提供的产品既不具有排他性，也不具有竞争性，有的生态系统为人类社会提供的产品具有排他性但不具有竞争性。因此，生态环境本身极为特殊，以纯公共产品特性为主，但同时也具有俱乐部产品和公共资源的准公共产品特性。所以一般来讲，生态系统是一种公共物品。生态环境污染会给社会带来成本，是一种劣质的公共物品或公害品。生态环境改善使所有人受益，其具有非竞争性、非排他性和外部性的特点。例如，某人自己出财出力，对城市的大气污染进行改善，改善后他也无法禁止其他公民对空气的享用，这就是环境公共物品的非排他性。

再如，某人呼吸新鲜空气不会影响他人对新鲜空气的吸收。这是环境公共物品的非竞争性。因此，生态系统及资源具有的非竞争性容易让人们看到眼前利益而过度使用，但最终受损的是全体社会成员的切身利益。生态系统及资源具有的非排他性导致整个生态环境资源保护过程中的生态效益与经济效益脱节。按照目前的经验来看，政府管制和政府埋单是有效解决过度使用公共产品的途径之一，但其必定不是唯一的途径。如果通过制度创新或制度立法让受益者付费、有偿使用，让改善生态环境的供给者得到合理经济回报，这样，生态保护者同样能够像生产私人物品一样得到激励与动力。从而有利于生态环境长期合理的发展利用。

（四）可持续发展理论

对可持续发展的理解，国外有以下几种代表性的定义：

1. 着重从自然属性出发。1991 年，世界自然保护同盟（International Union for Conservation of Nature，IUCN）对可持续性的定义为，"可持续地使用，是指在其可再生能力（速度）的范围内使用一种有机生态系统或其他可再生资源"。国际生态联合会（International Association for Ecology，INTECOL）和国际生物科学联合会（International Union of Biological Science，IUBS）将可持续发展定义为"保护和加强环境系统的生产更新能力"。即可持续发展是不能超越环境系统本身所具有的再生产能力的发展。

2. 着重从社会属性出发。1991 年，世界自然保护同盟、联合国环境规划署和世界野生生物基金会共同发表了《保护地球——可持续生存战略》（*Caring for the Earth：A Strategy for Sustainable Living*）。其中提出的可持续发展定义是："在生存不超出维持生态系统涵容能力的情况下，提高人类的生活质量。"并进而提出了可持续生存的九条基本原则。这九条基本原则既强调人类的生产方式与活动内容不能超过地球的承载能力，同时要保护地球的生命力和生物多样性，还提出了可持续发展价值观及 130 个行动方案。该报告认为，各个国家可以根据自己的国情来制定发展策略。但是，真正的发展必须包括提高人类健康水平，改善人类生活质量，合理开发、利用自然资源，必须创造一个保障人们平等、自由、人权的发展环境。

3. 着重从经济属性出发。在这类定义当中，将经济的发展看作可持续发展的核心内容。英国经济学家皮尔斯（Pearce）和沃福德（Warford）在 1993 年合著的《世界末日》一书中，提出了以经济学语言表达的可持续发展定义："当发展能够保证当代人的福利增加时，也不应使后代人的福利减少。"而经济学家科斯坦萨（Costanza）等人则认为，可持续发展是无限期持续保持——但不会降低包括各种"自然资本"存量在内的整个资本存量的消费数量。他们还进一步定义："可持续发展是动态的人类经济系统与更为动态的但在正常条件下变动却很缓慢的生态系统之间的一种关系。"这种关系也意味着，人类可能始终处于全盛状态，文化能够持续发展，这样人类繁衍才能够无限期的持续，但这种关系也意味着人类活动的影响保持在某些限度之内，以免破坏生态学本身具有的多样性、复杂性及维持人类活动的平衡关系。

4. 着重从科学技术属性出发。这主要是立足于科学技术角度对可持续发展的定义进行扩充，倾向于这一定义的学者认为："可持续发展就是在技术手段上进行创新，使资源的使用更加清洁、高效，尽最大可能减少资源的浪费及对生态环境的污染。"

国内近年来以可持续发展为主题的文章、专著层出不穷，如张坤民出版了《低碳经济：可持续发展的挑战与机遇》一书。其中。本书比较赞同的是中国科学院牛文元教授对可持续发展的定义："一个特定系统在规定目标和预设阶段内，可以成功将其发展度、协调度、持续度稳定的约束在可持续发展阈值的概率。"即"一个特定的系统成功地延伸至可持续发展目标的能力"。这一定义指出可持续发展能力的三大本质，即"发展度""协调度"和"持续度"。这是因为从普遍意义上去理解可持续发展能力，其中可以提取的本质度量必然集中体现在发展度、协调度和持续度三者的逻辑自洽和均衡匹配之中，否则无法构成真实的可持续发展的能力。更无法度量可持续发展能力的大小。既是衡量实施可持续发展战略成功程度的基本标志，又是可持续发展战略实施中着力培育的物质能力和精神能力的总和。

综上，可持续发展不同层次、层面的理论界定对生态补偿有如下理论指导性：一是可持续发展是人类社会未来发展的必由之路，从生态与经济角度支撑可持续发展的生态补偿兴起，也必然是社会、经济、自然三者持续发展的客观趋势；二是可持续发展的核心是经济发展，生态补偿正是保证经济良性、健康持续发展的自然生态基础之一；三是可持续发展必须依靠科技进步，同样，生态补偿也必须依靠科技进步才能解决技术"瓶颈"（如补偿标准等）发展。因此，生态补偿与可持续发展是相互促进、相辅相成的，两者良性循环才能取得长足发展。

第二节　生态补偿的类型划分

由于学者们对生态补偿内涵理解的不同以及分类依据标准的不同，生态补偿在学界存在多种分类。杜群、张萌按照生态补偿的主体将生态补偿分为国家补偿、资源利益相关者补偿、自力补偿和社会补偿四类。还可以按照以下四个角度对生态补偿进行分类。从补偿对象可将生态补偿划分为对为生态保护做出贡献者给予补偿、对在生态破坏中的受损者进行补偿和对减少生态破坏者给予补偿。从条块角度可划分为上游与下游之间的补偿和部门与部门之间的补偿。从政府介入程度可分为政府的强干预补偿机制和政府弱干预补偿机制。

从补偿的效果可分为"输血型"补偿和"造血型"补偿。中国21世纪议程管理中心将生态补偿分为政府主导的生态补偿、基于市场交易的生态补偿和社区参与的生态补偿。陈尉、刘玉龙等依据我国生态补偿实施地的空间地域特征和实际开展情况，将我国生态补偿分为自然保护区生态补偿、重要生态功能区生态补偿、流域水资源生态补偿、大气环境保护生态补偿、矿产资源开发区生态补偿、农业生产区生态补偿以及旅游风景开发区生态补偿共七类。

以上关于生态补偿的分类对从理论上认识生态补偿具有一定意义，但法律上关于某事物的分类不仅是为了人们认识事物的便利，更应该体现不同类别的事物在适用法律规则上的区别，同时该种分类应对构建生态补偿法律体系具有一定的指导意义。

本书以生态补偿法律关系产生的依据和生态补偿的主体这两方面作为分类标准对生态补偿的类型进行分析。之所以选择该标准进行分类，一方面是因为这两个标准从逻辑上可以囊括生态补偿的所有类型，无论是政府进行的补偿还是利益相关者进行的补偿，无论是上下游之间的补偿还是部门之间的补偿，无论是在哪一领域开展的生态补偿，其启动都离不开这两方面的依据。另一方面是因为该分类与我国生态补偿立法的作用相吻合。目前，我国开展的生态补偿实践，大部分是政府依据政策主动进行的补偿，可以说补偿的主动权掌握在政府手中。政府的工作重心一旦发生变化，生态补偿即可能停止。而对生态建设做出贡献的相关主体要想作为受偿主体启动生态补偿程序却缺乏法律依据。如果没有相关主体主动愿意对生态利益的供给者进行补偿，生态补偿很难启动，因此，生态补偿立法的一大功能就是为生态补偿的启动提供依据。生态补偿法律关系的产生，一方面可依据法律的直接规定，另一方面可依据当事人的约定。因此，以生态补偿法律关系产生的依据为标准，生态补偿可分为法定生态补偿和协议生态补偿两类。此外，我国目前所进行的生态补偿主要是政府对居民以及政府之间的补偿，而市场主体之间进行的补偿还相对落后，生态补偿立法的重要功能就是一方面要确认市场补偿的合法地位，另一方面为市场补偿的顺利进行提供制度平台。

一、法定补偿与协议补偿

（一）法定补偿

所谓法定补偿是指依据法律直接规定进行的补偿。在法定补偿中，一旦符合法律规定的条件，相关主体之间即发生补偿法律关系，而不以双方约定为条件。法定补偿具有强制性的特点，作为补偿的义务主体，应按法律规定对受偿主体进行补偿，否则会承担法律上的不利后果。我国生态补偿的顺利开展和进行，离不开法律的强制性规范。法律应对什么情况下何种主体可对生态服务的供给者进行补偿做出明确的规定。这种强制性法律规范的设定，可为生态服务供给者的受偿权提供强有力的法制保障。生态补偿不应仅停留在不具有稳定性的政策层面，同时也不能完全由相关主体基于自愿进行。生态服务的供给不同于私人产品的供给，其不仅关系个别主体的利益，更关系到整个人类的福祉。作为生态服务的接受者，往往不能由于个人的喜好而拒绝生态服务。他人提供的生态服务在客观上使自身受益，基于公平原则，受益方就应当对生态服务的提供者进行补偿。法定补偿关系的产生应具备以下条件：

1. 相关主体实施了生态服务供给行为。该供给行为既可以是积极的生态建设行为，也可以是为了保护生态环境而实施的消极放弃行为。

2. 该供给行为在客观上增强了生态系统的服务功能。并不是任何对生态环境进行保护的行为都可以获得生态补偿。有些个别的、零星的生态建设和保护行为，对整个生态系统的功能改变并不会起到多大作用。这样的行为，虽然在法律上是提倡的，也是任何主体都有义务进行的行为，但由于其效果很难得到社会的认可，因此缺乏补偿的依据。

3. 生态服务供给者不负有保护生态环境的法定义务。如果生态服务的提供者本身承担有保护生态环境的法定义务，就不能要求受益方进行补偿。

4. 生态服务供给者由于供给行为支付了成本或付出了牺牲。只要符合以上条件，生态服务供给者就可以要求特定的受益主体或政府对其付出的成本或牺牲进行补偿。在法定补偿中既包括存在管理与被管理关系的上级政府对下级政府、各级政府对辖区居民的纵向补偿（也可称作政府补偿），也包括地位平等的各利益相关者之间的横向补偿。法定纵向补偿的情形有：上级政府对在参与其主导的生态建设和保护工程中付出成本和做出牺牲的下级政府的补偿；各级政府对在参与其主导的生态建设和保护工程中付出成本和做出牺牲的居民的补偿；各级政府对由于被划归为生态功能区而付出代价的相关主体进行的补偿。法定横向补偿包括区域之间的补偿流域之间的补偿、部门之间的补偿。如果实施生态建设和保护行为的区域、流域、部门认为该行为使其他区域、流域或部门受益，其可以向其他区域、流域或部门提出补偿请求。如果该补偿请求得不到满足，可采用法律手段对自己的权益进行救济。

（二）协议补偿

所谓协议补偿是指依据生态服务提供者与相关受益者签订的补偿协议进行的补偿。

在协议补偿中，补偿法律关系的产生以补偿协议为基础。平等性和自愿性是协议补偿的主要特征。协议补偿建立在双方协商一致的基础上，生态服务供给者只要按约定提供了相关生态服务，受益方就须按约定的数额对其进行补偿。此处的协议补偿相当于国外的生态服务付费。体现的是自愿性的受益者付费机制。国际上比较有影响的对生态环境服务付费的概念界定有两个：一个是在东南亚实施的"奖励高地贫困人口提供的环境服务"项目（Rewarding Upland Poor for Environment all Services，以下简称 RUPES）的界定，另一个是国际林业研究中心的界定。RUPES 认为具备以下四个条件的生态环境保护经济手段才是生态环境服务付费。一是现实性，即该机制手段是基于某种现实的因果关系（如种树有固碳和减缓温室效应的作用）和基于对机会成本的现实权衡。如有研究者提出，在寒温带种树会加剧而不是减缓温室效应，那么排碳企业为寒温带种树而支付的费用，就不能叫作生态环境服务付费。二是自愿性，即付费的一方和接受费用的另一方在这个机制中所做的是充分知情下的自愿行为。三是条件性，即付费是有条件的，付费的条件是可监测的。有合同约束，达到什么条件就付多少费用。四是有利于穷人的，即该机制应是促进资源的公平分配，不致使穷人受损。国际林业研究中心的界定是，生态环境服务付费应是一种自愿的交易行为，不同于传统的命令与控制手段；购买的对象"生态环境服务"应得到很好的界定；其中至少有一个生态环境服务的购买者和至少有一个生态环境服务的提供者；只有提供了界定的生态环境服务才能付费。可见，我国生态补偿的范围要大于国际上的生态服务付费的范围。

协议补偿涉及的主体较为广泛，既包括政府及其部门，也包括环保组织以及各类市场主体。较之法定补偿，协议补偿更易获得履行，因为其是建立在双方对自身利益进行博弈、协商一致的基础之上，更能反映各方主体真实的意愿。但生态补偿协议的形成也不是一个容易的过程。由于生态服务的公共性特征，接受服务的一方往往存在"搭便车"的心理，签订补偿协议的意愿较低。加之关于补偿标准和补偿方式要进行多方协商和谈判，这一过程可能要反复多次，但最终补偿协议也可能难以达成。同时，协议补偿的形成往往以权属明晰为前提条件。而在我国，大部分的自然资源都归国家所有，地方政府以及各类市场主体很难享有资源的有关权益，这大大阻碍了生态补偿协议的形成。因此，我国目前实践中的协议补偿较少，大部分生态补偿都是政府行政决定式的。生态补偿立法需要为协议补偿的顺利开展提供制度支撑，引导以受益者付费为基础的生态补偿模式的建成。

二、政府补偿与市场补偿

（一）政府补偿

政府补偿是指由代表公共利益的政府作为补偿主体对下级政府、同级政府以及居民由于生态建设和保护行为进行的包括财政转移支付、政策倾斜、异地开发、人才技术投入等手段在内的补偿方式。无论是在国内还是国外，政府补偿是目前占主导地位的生态补偿方式，这是由生态服务的公共产品属性所决定的。政府补偿包括政府之间的法定补偿也包括因约定而产生的协议补偿。相比而言，政府补偿是较为容易启动的一种补偿方式，但如果生态补偿一味地依靠政府，会给国家财政造成巨大的压力。同时，由于政府补偿缺乏直接的供需信息，会导致补偿数额不能真正反映生态建设和保护行为成本，致使补偿不到位或补偿过高。另外，政府补偿相对市场补偿而言，需要更高的管理成本。政府补偿的切实到位需要完善的补偿资金运行管理制度，如果制度不健全或管理不到位，就会出现骗取、挪用、截留补偿资金等一系列的违法违规现象，使生态补偿的效果大打折扣。

（二）市场补偿

生态补偿的基本内涵是生态服务功能的受益者向生态服务功能的提供者付费的一种行为。生态服务的受益者既包括代表公众的政府，也包括其他个人、法人和社会组织。因此，生态补偿的方式除了包括政府补偿之外，还应包括以市场为主导的市场补偿。所谓市场补偿是指依靠市场的供需关系，市场主体为了满足自身所需的生态服务而向生态服务提供者购买生态服务的交易行为。市场补偿是市场主体出于自愿而形成的补偿关系，属于一种协议补偿。市场补偿能够极大地激活生态服务供应市场。使生态服务的提供者不仅仅局限于政府，政府以外的个人和组织都可以为了营利而提供生态服务，这将极大地缓解我国生态供给不足的困局，也可缓解政府补偿资金不足的困境。

我国目前存在的生态补偿主要是政府补偿，市场补偿还处于萌芽阶段。但由于市场补偿具有灵活性强、补偿方式多样化和补偿充分等特点，市场补偿必将是未来生态补偿的发展趋势。市场补偿主要存在以下几种形式：

1."一对一"的市场交易

"一对一"的市场交易是生态服务的供需双方通过直接谈判协商或通过中介来帮助确定交易的金额和条件而达成补偿协议。该补偿关系利益主体明确，利益关系简单。例如，处于下游的用水企业可以和上游影响水源质量的农户达成补偿协议。政府可以在减少双方的交易成本方面发挥一定的作用，通过立法为双方交易提供法律依据和补偿标准，同时为

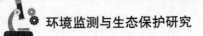

其在交易过程中发生的纠纷提供解决平台。

2. 开放的市场贸易

开放的市场贸易适用于生态服务的买方或卖方的数量是多数或不确定的，而生态服务中能量化为一定数额在市场上进行流通的情形。例如，我国现在以试点形式开展的排污权交易即属于这一形式。2007 年 11 月，国内第一个排污权交易中心在浙江省嘉兴市成立，主要承担排污权交易的信息提供、交易服务、业务技术指导等工作。美国的"湿地银行"制度也属于开放的市场贸易的典型代表。美国政府为了防止具有巨大生态功能的湿地生态系统的减少和破坏，对湿地进行总量控制，法律规定任何人不得以任何借口减少湿地的总面积。但由于经济发展等实际原因确实要占用湿地的，占用者必须提供新的与所占用的湿地面积相当的湿地。然而，占用湿地的市场主体可能欠缺恢复湿地的经验，同时湿地的成本也较高。这时就出现了一些从事湿地恢复的专业公司，他们可以将恢复的湿地以信贷的方式通过合理的市场价格出售给湿地破坏者。

3. 生态标志

所谓生态标志是指对采用生态友好的方式生产的产品或提供的服务进行专门标识，使其以更高的价格进入市场流通领域，从而由消费者来对标志产品的生产者或提供者承担生态补偿责任。这种补偿方式的关键在于存在消费者认可的认证体系。欧共体于 1992 年出台了生态标志体系，生态标志产品被称为"贴花产品"。产品获得生态标志认证，可以塑造企业良好的社会形象，给企业带来更高的经济收益。我国也存在无公害食品、绿色食品等生态标志产品，但范围较为狭窄。其实在实践中，食品之外的其他产品或服务如果通过生态友好的方式生产或提供，也可以经过相关组织认证获得生态标志，其对生态环境做出的贡献由消费者通过自愿购买进行补偿。

三、国家补偿与社会补偿

根据生态补偿的主体不同，我们可以将生态补偿分为国家补偿和社会补偿两类。

（一）国家补偿

国家补偿是指国家作为补偿主体对生态建设者恢复和重建生态系统过程中发生的成本费用和生态建设活动中的受训者的损失给予的经济补偿，国家补偿是通过政府来完成的，所以国家补偿也叫政府补偿。国家补偿是生态补偿制度的核心，生态补偿主要应由国家来完成和实现。

1. 生态补偿以国家为补偿主体的原因

按照"谁受益，谁补偿""谁破坏，谁恢复"的原则，生态补偿的补偿主体（补偿人）应是生态破坏者和生态补偿的受益人。那么为什么国家是生态补偿的主要补偿主体？这主要基于以下原因：

第一，在现实中，企业和个人只能承担因果关系明确的环境损害赔偿责任和生态治理责任。但生态环境的公共物品属性和生态环境问题的外部性及生态效益评估难的特点，使企业和个人在很多领域和场合无法承担环境治理责任，特别是一些环境问题具有滞后性、累积性、潜伏性、复合性、流动性和科学不确定性，导致无法准确确定生态破坏责任者。例如，大面积酸雨的危害、地面沉降、多年形成的水土流失等问题不是一时形成的，它们和污染物排放、生态破坏的累积有关；臭氧层损耗，空气中过量的二氧化碳造成的"温室效应"不但和污染物排放的累积有关，也和早期科学的不确定性和污染物的长距离转移有关，这些复杂的情况导致无法准确确定生态破坏的责任者，但又需要对这类生态问题进行综合治理，在这种情况下，就需要国家进行补偿。

第二，生态环境的整体性和环境问题的广泛性要求国家从生态保护的整体出发，确定生态保护和生态治理目标、协调生态利益关系，而一些整体性的生态建设活动，如国土整治、改善环境质量、天然林保护工程、退耕还林工程、三江源区的保护等个人无法单独实施，需要国家统筹完成，这时国家应作为生态建设的主体出现。同时，在这些整体性的生态建设活动中，国家应补偿生态建设活动中受损者的损失。

第三，国家在经济发展和生态保护中，由于决策失误，也会造成生态破坏，这时国家是生态破坏的责任人。

第四，国家是生态补偿的受益者。国家作为矿产资源、水资源、野生动植物资源和部分土地资源、森林资源、草原资源的所有者，对环境资源享有最终支配权，所以在生态建设过程中，国家的自然财富和资源存量增加、损失减少，它是生态补偿的最大受益者，所以不管国家是否以生态建设活动的主体出现，其都应当承担一定的补偿费。

第五，国家所征收的环境税费中包含生态补偿费的成分。国家征收环境税费，不仅具有调节环境资源利用行为的作用，同时也是为解决整体性生态问题、潜伏性生态问题和累积性生态问题事先向环境资源的开发利用人征收的一种费用，这主要是因为这些环境问题也是由环境资源的开发利用人积累而成的。如矿产资源补偿费、森林生态效益补偿费等费用，国家应该用这些费用作为生态补偿资金。

2. 国家生态补偿的方式

国家生态补偿的方式是多样的，具体包括：（1）直接支付补偿费，即由国家直接向生态建设者支付恢复和重建生态系统的成本费用，补偿生态建设中受损者的损失费用，如国家向退耕还林的农户按每年每亩 10 元的标准补偿。（2）实物补偿，即由政府部门直接向生态建设者和生态建设中受损者补偿一定的实物，如国家向退耕还林的农户每亩每年补偿 100 千克粮食。（3）间接补偿，即政府通过向生态建设者提供优惠贷款、减免税收、提供技术援助、帮助受损地区发展经济和进行异地开发、安排就业或培训等方法进行补偿。例如，《排污费征收使用条例》第 18 条规定，用排污费补助区域污染防治项目。（4）生态移民安置，即政府为了恢复和重建生态环境，对生态敏感地区和生态脆弱地区的居民进行搬迁，进行异地安置并支付搬迁安置费。

3. 国家生态补偿资金的来源

国家生态补偿资金的来源多种多样，主要有以下五种：（1）中央和地方财政转移支付资金。"财政转移支付，又称补助支出、无偿支出，它是指各级政府之间为解决财政失衡而通过一定的形式和途径转移财政资金的活动，是用以补充公共物品而提供的一种无偿支出。它主要用于社会保障支出和财政补贴。"国家生态补偿可以使用各级政府财政中的"专项转移支付"资金，因为"专项转移支付"主要是为实现某种特定目的而由上级财政提供的专项补助。因为生态补偿的目的是恢复和重建生态系统，所以国家用财政转移支付方式来改善整体生态环境、整治国土、恢复和重建被破坏的区域生态环境、补偿因生态保护而丧失发展机会的地区和居民的损失，这符合财政转移支付的目的性。例如，退耕还林的资金主要来源于中央财政的"专项转移支付"资金。（2）排污费。国家征收的排污费作为专项资金可以用于环境污染的综合治理、区域性污染防治补助，所以是生态补偿资金的来源之一。（3）自然资源补偿费、自然资源管理类收费。例如，矿产资源补偿费、森林生态效益补偿费等是生态补偿费的来源之一。（4）环境税。环境税是生态补偿资金的主要来源。环境污染者和环地破坏者向国家支付的造成环境本身损失的赔偿费。（5）社会捐赠。

（二）社会补偿

社会补偿是指由生态建设受益的地区、部门、企业和个人补偿生态建设的成本费用及因生态环境保护而丧失发展机会者遭受的损失。应说明的是原则上社会补偿中的补偿人还应该包括生态环境的污染者和破坏者，但是，污染者和破坏者承担了环境民事责任和环境行政责任，如要求环境污染损害进行民事赔偿，对造成的环境污染和破坏承担排除危害责任和治理责任，同时国家还向其征收排污费、自然资源费等，这些费用的支付实质是对国家的一种补偿。因此，这里所说的社会补偿是指受益人的补偿。

1. 社会补偿的原因和方式

社会补偿的原因是生态建设活动往往会带来外部经济性，为了使外部经济性内部化，由受益人补偿生态建设的成本费用及因生态环境保护丧失发展机会者所遭受的损失。

社会补偿的方式可以采用货币或者实物的方式进行直接补偿，如由社会多方筹集资金形成生态基金组织，对生态建设中的受损者予以补偿；也可以通过由受益的地区、部门提供贷款、投资、技术援助、帮助经济发展等方式进行间接补偿。

社会补偿最好的实现途径是市场机制，即通过市场交易活动来实现生态受益者和生态建设者之间的补偿。其方式包括：（1）环境产权交易，即通过环境资源产权（包括所有权和使用权）的界定，并通过交易价格使生态环境保护的成本费用得到补偿。以排污权交易为例，A企业通过一定的净化治理技术，减少了污染物的排放，节余了排污指标，B企业购买这些排污指标就是对A企业治理污染的补偿。环境产权交易不仅可以在两个企业间进行，也可以跨地区进行，如在同一自然地理区域内的几个省、市、县之间进行。（2）环保企业有偿提供污染治理服务。污染防治公司、生态环境保护公司为排污者（包括单位和个人）处理净化污染物，提供环境污染治理服务（如污水处理厂净化污水），由排污者支付或预先支付一定的费用作为环保企业治理污染的费用，这是生态补偿的一种有效途径。这种方式不但使生产者支付了污染治理费用，同时也可以将消费者纳入生态补偿体系中，使消费者支付消费性污染物的费用，还可以防止出现因企业破产而导致的环境污染、生态破坏治理费用无人支付的情况。

2. 地区间生态补偿和部门间生态补偿

在社会补偿中，目前讨论和关注的焦点是"地区间生态补偿"和"部门间生态补偿"。

（1）地区间生态补偿

1998年长江等流域的洪水、前些年黄河的连年断流、频繁的"沙尘暴"、水土流失的加剧等都属于跨地区生态环境问题。要想有一个清澈的黄浦江，黄浦江上游地区就要保持水土，防治水土流失。要想北京等地不遭遇"沙尘暴"天气，"沙尘"源地区就得防沙治尘、植树种草，增加植被覆盖率。要解决水灾、河流断流、跨地区污染、水土流失、"沙尘暴"等地区性生态环境问题，就需要建立地区间生态补偿机制。地区间生态补偿包括流域内上下游之间的生态补偿，导致生态恶化地区和因生态恶化受害地区之间的生态补偿、生态保护地区和生态受益地区之间的生态补偿、资源产品输出地区和输入地区之间的生态补偿。

目前讨论最多的是流域内上下游之间的生态补偿问题。流域上游地区的生态保护直接关系到下游地区的生态安全和环境质量问题，上游地区的生态保护努力对下游地区生态安全的保证、环境质量的提升和经济发展都极为重要。因此，流域下游地区应补偿上游地区生态保护的成本费用和因生态保护而丧失发展机会的成本。原因如下：首先，从环境正义的角度出发。地区之间有平等的发展权，上游地区因保护生态环境而丧失发展机会，下游地区应给予适当的补偿；其次，大江大河上游地区的自然环境恶化是由于千百年的战乱、自然灾害、政策失误造成的，如果让上游地区单独承担生态恢复和重建的责任是有损生态公平原则的；最后，大江大河上游地区多为贫困地区，在其生存和发展的基本问题得不到解决的情况下，根本无力承担生态环境治理的成本费用，但如果上游地区生态环境持续恶化，将危害到下游地区的生态安全。因此。无论是从生态效率的角度出发。还是从生存权、发展权等基本人权的角度出发，下游地区都应该给予上游地区生态补偿。上、下游之间的补偿可以是跨省的生态补偿，也可以是跨市、跨县的生态补偿。上、下游之间的生态补偿可以采用多种多样的补偿方式，可以由下游地区给予上游地区一定的资金或者实物补偿，也可以通过投资基础设施项目等进行间接补偿，还可以对下游地区利用水、电、矿藏品等资源收取补偿费进行补偿。例如，如果征收长江水电生态补偿费，当三峡发电量达874亿度时，每度电收取5厘钱的生态补偿费，就可以获得4亿多元生态补偿资金，这些资金就可以保住长江上游20多个贫困县的原始森林。然而，由于地区之间的生态效益难以测算，因而地区间生态补偿的标准很难确定，加之，地区生态补偿协商机制还没有建立起来，这为地区间生态补偿制度的建立带来了一定的难度。

（2）部门间生态补偿

社会补偿除了包括流域上、下游之间的补偿，还包括部门之间的生态补偿。部门之间生态补偿是指因生态建设受益的部门对生态建设部门给予的适当补偿。例如，林业部门从事生态建设活动，为旅游部门带来良好的旅游效益，退耕还林，防止了水土流失，减少了河道淤塞，使水量增大，给水利部门带来了一定的生态效益和经济效益。因此，受益部门应该向生态建设部门给予适当的补偿。在我国之所以存在部门之间的生态补偿问题，主要是由我国环境资源多头管理、条块分割导致的。目前部门之间的生态补偿还没有进入实践层面。

四、直接补偿与间接补偿

根据补偿的方式不同，可以把生态补偿分为直接补偿与间接补偿。

（一）直接补偿

直接补偿是指由补偿人向被补偿人直接支付生态建设的成本费用和因生态建设而遭

受的损失费用。直接补偿一般是由国家、受益人直接给付一定的货币或者实物。无论是国家补偿还是社会补偿都可以采用直接补偿方式。直接补偿属于"输血性"补偿，是政府或者补偿人将筹集来的补偿资金定期转移给被补偿人。直接补偿方式的优点是被补偿方可以获得一定量的货币或实物，并可以灵活支配；其缺点是补偿资金可能转化为消费支出，无法从根本上解决环境保护问题。

（二）间接补偿

间接补偿是政府通过向被补偿方或被补偿地区提供优惠贷款、技术援助、减免税收等帮助其发展经济，建设基础设施，或者补偿地区将补偿资金转化为技术项目，帮助被补偿地区发展经济、建设环境友好产业或者替代产业，进行移民安置、安排就业等。间接补偿多为"造血性"补偿，它通过与扶贫、扶持地方经济发展相结合，有效提升被补偿地区的可持续发展能力。

另外，生态补偿还可以根据补偿对象的不同，分为对生态建设的补偿，对生态建设中受损者的补偿，对因生态建设而丧失发展机会者的补偿，等等。

五、其他分类

依据其他标准可将生态补偿分为以下类型：

（一）广义生态补偿和狭义生态补偿

从内涵上看，目前理论界对生态补偿概念的理解有广义和狭义之分。广义的生态补偿，包括污染环境的补偿和生态功能的补偿；狭义的生态补偿是指生态功能的补偿，即通过制度创新实现生态保护外部性的内部化。具体包括四种类型：1.污染补偿。向环境中排放污染而支付的补偿，如向环境排放污染物而支付的排污费。2.损害补偿。从事对环境有害的活动而支付的补偿，如开发矿产资源过程中土地被破坏而支付的土地使用费。3.使用补偿。使用环境本身具有的功能或价值而获取收益，但整个生产过程未对环境造成损害，如从事山水林草等自然景观管理或者因此开发娱乐项目等。4.受益补偿。从其他人或其他地区的环境保护行动中受益而支付的补偿，如下游河流因水质改善获益从而向上游水质改善支付补偿。

（二）代内生态补偿和代际生态补偿

这种划分方法是根据生态补偿时间的延续性来划分的。代内生态补偿指同代人之间进行的补偿。由于人类身处不同区域、不同国家，而每个区域、国家的环境、经济状况、技术水平有所不同，因而对生态环境的使用状况也不尽相同。在这其中，一些人不尊重生态规律，无偿且过度使用生态资源，导致资源的浪费与环境的污染，这就要求同代人之间要做出生态补偿来确保资源的长效利用。代际生态补偿指当代人对后代人的补偿。可持续发展明确要求阻止当代人获益却把费用强加给后代人。根据帕累托改进准则，没有任何一个项目或政策会使所有人受益，改进的方法就是进行补偿。因此，如果一项政策会危及后代人的利益，就要对后代人进行补偿。那么，只有通过生态补偿立法，在相关领域做出明确的法律规定，才能使给后代人的补偿有根本保障，有执行准则。

（三）国内补偿和国家间补偿

从生态补偿发生的范围来看，生态补偿可以分为国内补偿和国家间补偿。国内补偿是指在一国之内，各区域、部门在使用环境资源时可能会对其他地区、部门有影响，如跨界污染，就需要一个地区或部门向另一个地区或部门进行经济补偿。另外，致力于环境保护的地区，所取得的成效会使其他地区受益，这些都应得到相应的补偿。在我国，经济比较发达的东部地区耗用的环境资源远高于经济不发达的地区，但是环境资源产地却比其他地区遭受了更严重的环境问题。国家间补偿是指由于环境系统的整体性，使得一个国家在进行环境活动时，有可能使另一个国家的环境产生严重影响（如各国进行的森林保护可使全球受益），也有可能对另一个国家的环境产生严重影响（如大气、水等的跨国污染）。因此，在国家之间，应进行环境补偿。在各国的发展历程中，发达国家凭借其经济、技术等优势，实行资源殖民主义，疯狂掠夺发展中国家的环境资源，对发展中国家造成严重损害。在《21世纪议程》中明确规定发达国家每年应拿出其国内生产总值的0.7%用于官方发展援助，补偿发展中国家的损失，这也是环境补偿的一种。

（四）具体领域生态补偿

2007年，原国家环境保护总局发布了《关于开展生态补偿试点工作的指导意见》，该意见指出，"在自然保护区、重要生态功能区、重要矿产资源开发区和流域水环境保护区四个领域开展生态补偿试点"。《中共中央、国务院关于2009年促进农业稳定发展农民持续增收的若干意见》指出要"提高中央财政森林生态效益补偿标准，启动草原、湿地、水土保持等生态效益补偿试点"。陈尉、刘玉龙、杨丽在前述文件明确提出的基础上，依据我国生态补偿实施地的空间地域特征，结合生态补偿实际开展情况，将我国生态补偿类型划分为：自然保护区生态补偿、重要生态功能区生态补偿、流域水资源生态补偿、大气环境保护生态补偿、矿产资源开发区生态补偿、农业生产区生态补偿，以及旅游风景开发区生态补偿。

自然保护区在涵养水源、保持水土、保护动植物多样性等方面发挥了重要作用，这些效益是全民和国家在享受，但损失全部由自然保护区范围内的居民承担，这无疑是不公平的。因此，建立并完善自然保护区生态补偿，对因保护自然而损失经济利益的居民进行合理的补偿，有利于优化保护区产业结构，激励公众保护行为长效机制的形成，提高人们生活水平。

重要生态功能区是指具有保持水土、维护生物多样性及生态平衡的区域，包括生态脆弱和敏感区、水土保持的重点区域、防风固沙区、生物多样性保护区，涵盖所有除自然保护区以及流域水资源保护区的具有重要生态功能的区域。它们主要分布于经济落后地区，保护生态与发展经济的矛盾突出，对其进行适当补偿，有利于促进生态脆弱区功能的维持与改善。

水资源的流动性和稀缺性是造成流域上、下游矛盾的主要根源。为实现上、下游协调发展，建立完善的流域水资源生态补偿机制意义重大。从水质、水量、水安全等角度，流域水资源生态补偿分为水源涵养区生态保护、水污染治理、水权使用、重大水利工程、洪水控制五方面。建立合理的横向补偿标准，促进跨行政区域生态补偿机制的建立是目前我国流域水资源生态补偿的重点与难点。

工业生产与交通工具排放的废气和尘埃，直接破坏大气环境，导致人们生活质量下降。大气的流动性与效益共享性，决定了大气环境保护是每个公民应尽的责任。目前，我国主要采取总量控制与排污权交易相结合的方式实施大气环境保护生态补偿。

矿产资源开发为我国的经济建设和社会发展做出了巨大的贡献。但矿产企业在发展经济的同时，往往忽略环境治理，造成地面沉降、水土流失、空气污染等严重的生态环境破坏，对周围居民的生活产生了巨大的影响。落实矿山环境治理和生态恢复责任，依据"污染者付费、利用者补偿、开发者保护、破坏者恢复"的环境责任原则建立生态环境税费制度，将成为矿区生态补偿的重要手段。

在农业生产过程中，化肥、农药的大量施用。水产养殖、畜牧业的快速发展，农村生活垃圾的随意排放等，造成了土地、水体等压力的增大，污染严重，破坏了区域生态平衡。我国农村居民生活水平较低，环境保护意识薄弱。资金、技术相对缺乏。并且关于农业生产区生态补偿的研究甚为匮乏，因此，农业生态环境修复补偿不容忽视。

旅游风景开发区大多以自然资源为依托，发掘自然观赏功能，建立娱乐休闲设施。在开发自然资源的同时，当地居民的生产、生活方式都会受到影响，需要得到适当的补偿。旅游风景开发区的补偿客体包括风景区内自然景观效益，以及因设立保护旅游风景区而受到影响的单位和个人。

第三节　生态保护补偿制度的现实意义

一、生态文明建设离不开生态保护补偿

人类文明多种多样，生态文明属于一种新的人类文明，不仅需要人类自觉守护，更需要明确的制度来保障，因此就需要构建法律。在高度发达的现代社会，大力倡导建设生态文明，这不仅要靠政府来负责，还要靠社会大众的积极参与，这是一个全社会共同参与、共享成果的行动。我们知道不同利益主体之间都会有冲突，因此在生态文明的建设过程中，由于多元主体的参与，利益冲突会更加复杂，包括中央和地方利益的冲突，不同流域或区域之间的冲突；公众环境权与企业经济利益的冲突，以及经济发展与环境保护之间的冲突，我们要重视这些矛盾冲突，逐一化解它们，才能保证社会稳定发展。原始社会解决冲突依靠的是武力，当人类文明进步了以后，发明了更先进的冲突解决机制——法律。现在，生态保护与经济发展也出现了冲突，我们希望建立一种补偿机制来调节不同利益主体，法律在其中当然起到不可替代的作用。从法律经济学角度来看，生态文明建设具有相当的正外部性特征，因为其需要广泛的主体参与到建设生态文明和保护生态环境的活动中，这些活动都是保护公共利益的活动，在通常情况下，如果没有相应的激励措施，作为普通受益人，是不会主动参与到保护公共利益的活动中去的。生态建设的特点是一部分人实施生态建设活动，而另一部分人享受生态保护建设带来的利益，而且在实际操作中，享受利益的一方还不需要进行负担，这大大违背了公平原则。因此，建立生态保护补偿制度，就是希望通过制度规定，引导人们自觉保护环境，并为生态服务负担成本，因为无偿的保护环境的效率很低，不利于积极进行环境保护。我国目前的环境保护基本法和环境保护专门法并没有建立起全社会共同参与环保建设，为环境保护付费的理念，大家都安于享受环境保护带来的成果，从没有意识要为其承受任何负担。新《中华人民共和国环境保护法》制定的"国家污染物排放标准""环境与健康监测、调查、风险评估制度""生态保护红线制度"等，主要都是职权机构和政府部门对经营者的监督、管理制度。这些制度更多反映的是对污染物排放、破坏生态环境的终端控制治理，没有反映从源头上控制污染、治理环境，鼓励公众参与生态保护。因此，我们通过建立生态保护补偿制度，对生态利益付出者进行相应的补偿，来协调不同利益主体。实现生态保护补偿的法律化就是要通过法律手段强制生态利益的受益者对生态利益的付出者进行补偿，并使这种补偿变成社会惯例，而为公众所接受

和遵守，以实现社会大众积极投身于环境保护和生态建设。

二、生态保护补偿实施的前提是生态保护补偿法律制度的建设

在实践中，想要顺利地实施生态保护补偿，必须要有良好的平台，这个平台是生态补偿法律制度。我国生态保护补偿还处于萌芽阶段，只是在部分领域进行了试点，因此，待全面开展还有很长一段路要去实践和摸索。从生态保护补偿实施的领域而言，现阶段真正落实了生态保护补偿的领域只有草原、矿产资源开发和森林，像土壤、耕地的补偿都还没有着手实施；而在流域、海洋、湿地等领域的补偿工作才刚开始实施。就生态保护补偿实施的地域而言，现阶段生态保护补偿地域的实施效果不佳，并没有取得什么成效。就生态保护补偿的主体而言，大部分补偿都是政府实施的，市场参与的成分较少。我国的生态保护补偿因为都是政府参与主持的，因此通常都是自上而下的补偿模式，比如：国家对地方，省级对乡级。由于市场没有在生态保护补偿领域起到良好的引导作用，所以不同区域之间的平行的生态保护补偿还没有广泛地开展。由此看来，我国离建立起真正的生态保护补偿制度还有一段遥远的距离，现阶段生态保护补偿的范围以及生态保护补偿的方式方法都还需要进一步拓宽和完善。尽管各个科学领域都提出相当的原理和措施，为生态保护补偿的实践进行铺垫和基础完善，但在现实操作中，生态保护补偿往往要打破以往建立的规则，重新对利益格局进行分配，所以，我国生态保护补偿法律制度建立任重而道远。立法不是凭空建立的，要根据实践经验来完成，实践经验为法律建设打下了良好的基础，同样，生态保护补偿实践是实现生态保护补偿法律化的基础，而生态保护补偿实践也对生态保护补偿法律化起到积极的推动作用，促进生补偿法律化建立。我国现阶段的生态保护补偿实践还没有明确的实施态度，是否可以进行补偿或获得补偿，要通过政府来决定，即政府对生态保护补偿的干预较大。相较于普通人，如果没有政府的激励措施或者明确要求，很难积极地参与到为他人利益的生态保护的实践中去。卢埃森——美国现实主义法学代表人——曾经表示：法律的主要作用在于完美协调个体与个体之间的合作，并转变不同个体的习惯性行为与思维，引导他们生成新的观念。而建立生态保护补偿法律制度，就是要转变人们固有的生态保护理念和行为模式，让人们在生态保护领域加强合作沟通。现实中，享受生态环境保护利益的一方，仿佛从来如此，无须付出任何代价，已经成为一种默认的共识，因此，现在，要他们为所享受的利益买单，必定会引发他们的不满。那么就必须制定法律，在公众心中树立正确的价值观，使人们正确认识生态保护补偿行为；立法也可以有效地提高生态保护补偿的效率，有效地反映出生态资源的稀缺性，有效地引导对环境损害的成本进行补偿。

三、生态保护补偿政策的落实需要生态保护补偿法律制度的建设

我们想要落实生态保护补偿政策，就必须依靠法律法规来进行规定，制定具体的操作方法。要保证今后生态保护补偿的实践有效开展，就要明确许多的相关规则，包括：补偿的主体是谁，客体是谁，补偿的标准是什么，补偿需要哪些步骤，发生补偿利益纷争如何解决，等等。我国的生态保护补偿仅仅只在环境保护基本法中进行了制度性的规定，还没具体的可操作的条例和法规，因此，在开展生态保护补偿时，遇到了巨大的困难，无法可依。我国的生态保护补偿法律内容不完整，结构不健全，相关的实施细则和标准都分散在各个效力等级不同的环境保护法律法规、地方性法规、部门规章或条例中。但是我国的生态保护补偿法律法规通俗地说，不接地气，实施起来，困难重重，应该指定更加具体的可供操作的细则和标准。各个生态保护补偿专门法虽然有些补偿规定，但都仅限于某个补偿领域。这是目前生态保护补偿法律的常态，法律都仅对某个领域或某个区域、流域进行了规定；作为整个地球生态系统来说，生态系统具有很强的整体性特征，不能只对某个领域或区域进行生态保护和修复。法律建设总是具有滞后性，因此现阶段的生态保护补偿法律就没有涵盖各个生态领域的生态保护补偿规则。

因此，今后，我们在制定《生态保护补偿条例》时，要总结生态保护补偿实践的共同规则，制定出具有普遍性的操作规则。在历史的缓慢进程中，人们创造出了各种各样的规则，包括风俗习惯、道德标准、法则等。我们说，生态保护补偿虽然符合社会道德要求，但是如果没有法律的强制规定，其是很难实施的，因为，人们往往缺乏自觉性。并且，我国没有对生态保护行为进行补偿的传统，为了社会公平和他人的利益去补偿生态保护行为，人们是不太主动的。我国环境保护基本法实施环境管理所要遵循的几大原则，其中一个就是：保护者受益，破坏者补偿，因此我们建立生态保护补偿法律，也是想要通过建立生态保护补偿法律来转变人们的固有思维，让人们能够积极投身到生态保护活动中去，让全社会形成生态保护的完整链条。现阶段，我国的生态保护补偿活动都是依据国家和地方的政策来开展的，这些政策时时都在改变，但是生态保护活动是一个需要长久坚持的项目，需要更加稳定的法律规定来保证。例如：休耕退牧、禁渔封湖等，都属于短期性的补偿措施。"当这些补偿项目结束后，生态保护补偿不再继续，补偿资金也断链了，造成农业生产经营者的损失，他们会为了自己的生活、生产需要，再次开垦土地，过度放牧，围网捕鱼，污染土壤，破坏水体，再次造成了环境污染和生态破坏，使环境问题更加突出了。"由此看出，如果要使生态保护补偿长久地持续下去，制定明确的严格的生态保护补偿法律是关键。通过制定生态保护补偿实施法，来引导生态保护补偿的操作，使其延伸到各个环保领域并有序开展，有了法律对生态保护补偿活动进行保证，更能完美地实现环境保护，污染防治的目标。

第四节　生态补偿的标准机制

一、生态服务——生态补偿的客体

确定补偿标准是进行生态补偿立法的重点和难点。研究生态补偿的标准首先要明确生态补偿的客体，即生态补偿权利和义务共同指向的对象是什么。补偿标准的确定方法和补偿标准的高低都是由生态补偿的客体决定的。关于生态补偿的客体，学者们有不同的看法。杜群认为，"生态补偿的客体（标的）有两大类：一是作为资产状态的自然资源客体；二是作为有机状态背景而存在的生态、环境系统，即自然生态客体"。刘旭芳、李爱年认为，"生态补偿法律关系的客体为生态补偿行为结果。生态补偿行为结果的具体实现形式有经济（金钱、实物）与非经济形式（技术、兴办企业、兴建生产生活设施、劳动力安置、政策优惠等）"。本书认为，自然资源和生态、环境系统只是生态补偿表面的实物载体，并不是生态补偿中权利和义务共同指向的实质对象。只有相关主体对自然资源或生态、环境系统实施了保护行为，才存在补偿问题。同时，以经济和非经济形式表现的补偿只是生态补偿的方式，而不是生态补偿的客体。之所以要进行生态补偿是因为相关主体为了保护自然资源或生态、环境系统而付出了一定的劳动或做出了一定的牺牲，该付出的劳动或做出的牺牲才是生态补偿权利和义务共同指向的对象。这种劳动或牺牲使生态系统服务功能增强，使一定的主体受益。从经济学的角度而言，使生态系统服务功能增强的劳动或牺牲即是一定主体提供的生态服务。生态建设者或保护者即为生态服务的供给者，相关的受益者即为生态服务的消费者，消费者对服务供给者提供的一定形式的补偿，即为生态补偿。因此，生态补偿的客体是生态服务这种无形产品。生态补偿标准的确定始终应围绕相关主体提供和享受的生态服务展开。

在经济学意义上，生态补偿标准确定的实质是生态服务这种生态公共产品的价格形成机制。生态服务的提供与一般的服务不同，其提供的是纯公共产品或准公共产品。因此，生态服务价格不像私人产品的价格一样，可完全由市场形成和实现。与私人产品的提供相比，生态服务的供给主要具有以下几方面的特征：

（一）消费者的共享性

生态服务在本质上是一种公共产品，其消费不具有排他性。一方消费生态服务的行为并不会减少他方对生态服务的消费，例如，对新鲜空气的享用就不具有排他性。生态服务的对象往往是不特定的，生态服务的供给者一旦提供了生态服务，很多人都可以免费从中受益。一对一的市场交易对于生态服务而言，存在一定的困难。因此，生态服务的价格很难由市场自发形成，往往需要由相关专业机构采用一定方法去核算生态服务的价格，从而确定补偿标准。

（二）供给者的有限性

生态服务提供的是一种公共产品。对于公共产品而言往往无法区分谁是具体的受益者者，即使可以确定受益者的范围。但对各微观受益者而言，很难确定其从生态服务中具体获得的受益数额，因此，生态服务很难按照交易规则对受益者收费。然而，生态服务的提供也向其他服务一样需要成本，因此，对于以营利为目的的私人企业来说一般没有积极性从事生态服务的提供，在大多数情况下，生态服务都由政府进行免费提供。政府以外的市场主体在生态服务供给中的缺位使得生态服务难以形成市场价格。不过，单一的政府供给很难满足种类繁多、不同层次的生态需求。例如，旅游企业对生态系统高品质的要求，往往需要政府以外的市场主体进行提供。加之政府人力、财力的限制，政府也难以提供充足的生态服务。因此，生态服务市场是亟待开发的领域。

（三）供给方式的多样性

一般私人产品的供给都是通过供给者积极的生产或服务行为实现的。而生态服务的供给既包括积极的生态建设行为，也包括消极的保护行为。积极的生态建设行为包括植树造林、建设湿地等行为；消极的保护行为包括放弃种植农作物、放弃砍伐林木等对生态系统保护有利的行为。对于积极的生态建设行为，其付出了劳动，提供的生态服务凝聚着劳动力，生态服务的成本是显而易见的。而对于消极的生态保护行为，其进行生态服务的成本具有一定的隐蔽性，容易被大家忽视。实际上，很多生态服务的提供都是以相关主体放弃了一定的生产方式或发展机会为代价的。对于这些消极的生态保护行为所提供的生态服务，很难以劳动价值理论为基础来确定其价格。

（四）价格形成的个别性

生态公共产品不同于一般的产品，一般产品由于其可在市场上进行自由流通，因此其价格的形成往往由市场根据生产该产品的平均必要劳动时间以及供需关系来自动地形成。如果消费者认为某一生产者提供的服务价格偏高、可以选择其他生产者提供的服务。这样就使一般的产品形成了总体一致的市场价格。生态服务不像一般的产品一样可以自由流通，其消费范围具有一定的区域性，作为消费者往往不可以根据产品的价格和自身的意愿来自由选择生态服务。因此，生态服务的价格不像一般的产品一样由平均必要劳动时间来决定，而是由提供生态服务的个别劳动时间或个别成本决定的。生态服务产品价格形成的个别性也使得生态服务的定价较为复杂，往往不能在全国范围内形成一个统一的标准，而须对具体的生态服务进行具体的定价。

二、我国生态补偿实践中的补偿标准

（一）退耕还林（草）工程中的补偿标准

1998 年的长江洪涝灾害给公众的人身和财产造成了极大损失。国家意识到长江上游生态环境的破坏严重威胁到生态安全。为了对江河上游的生态环境进行恢复和治理，中央政府决定开始实施退耕还林（草）政策。1999 年，国家在四川、陕西和甘肃开展了退耕还林试点工作。2002 年，退耕还林政策在全国范围内全面启动。同年，国务院发布了《国务院关于进一步完善退耕还林政策措施的若干意见》，对退耕户的补助政策做出了规定。补助内容包括粮食补助、现金补助、种苗和造林费补助三种。其中，粮食补助分为南方和北方两类标准：长江流域及南方地区，每亩退耕地每年补助粮食（原粮）150 千克；黄河流域及北方地区，每亩退耕地每年补助粮食（原粮）100 千克。现金补助不分南北，每亩退耕地每年补助现金 20 元。粮食和现金补助年限，还草补助按 2 年计算；还经济林补助按 5 年计算；还生态林补助暂按 8 年计算。种苗和造林费补助标准按退耕地和宜林荒山荒地造林每亩 50 元计算。2007 年第一轮经济林补助期已满，为了巩固退耕林成果，国务院出台了《国务院关于完善退耕还林政策的通知》，同年财政部出台了《完善退耕还林政策补助资金管理办法》，规定了在补助政策到期后，继续对退耕农户的补偿政策。具体补助政策为：现行退耕还林粮食和生活费补助期满后，中央财政安排资金，继续对退耕农户给予适当的现金补助，解决退耕农户当前生活困难。补助标准为：长江流域及南方地区每亩退耕地每年补助现金 105 元；黄河流域及北方地区每亩退耕地每年补助现金 70 元。原每亩退耕地每年 20 元生活补助费，继续直接补助给退耕农户，并与管护任务挂钩。补助期为：还生态林补助 8 年，还经济林补助 5 年，还草补助 2 年。根据验收结果，兑现补助资金。各地可结合本地实际，在国家规定的补助标准基础上，再适当提高补助标准。实际上延长补助期降低了对退耕户的补助标准。

（二）天然林资源保护工程中的补偿标准

从 1998 年开始，我国在长江上游、黄河中上游地区以及东北、内蒙古等重点国有林区开展了天然林保护工程。2010年，国务院批准了《长江上游、黄河上中游地区天然林资源保护工程二期实施方案》和《东北、内蒙古等重点国有林区天然林资源保护工程二期实施方案》。一是生态公益林建设费，人工造林每亩补助300元，封山育林每亩补助70元，飞播造林每亩补助120元。较一期工程补助金额有较大提高。二是森工企业职工养老保险社会统筹，按在职职工缴纳基本养老金的标准予以补助，因各省情况不同补助比例有所差异。三是森工企业社会性支出，教育经费每人年均补助30 000元，医疗卫生经费每人年均补助15 000元，公检法司经费按天保工程一期补助基数给予补助。医疗卫生经费，长江黄河流域每人每年补助15 000元、东北和内蒙古等重点国有林区每人每年补助10 000元。四是新增森林培育经营补助，中央财政对国有中幼林抚育每亩补助120元。同时明确规定，工程期内，随着社会平均工资水平的提高和物价变化，国家林业局将会同国家发展和改革委员会、财政部、人力资源和社会保障部在调查分析论证的基础上，研究调整有关补助标准。较一期工程，补偿标准有了较大提高，同时方案体现了补偿标准动态调整的基本原则。但不足之处在于，天然林保护工程的补偿对象主要是森工企业及其职工，而对受到天然林保护工程影响的农牧民缺少补偿政策。

（三）退牧还草工程中的补偿标准

为了保护和恢复西部、青藏高原和内蒙古的草原资源，以及治理京津风沙源，国家开始实施退牧还草工程。2003年国家发展和改革委员会、国家粮食局等八部门联合下发了《退牧还草和禁牧舍饲陈化粮供应监督暂行办法》。

该办法规定蒙甘宁西部荒漠草原、内蒙古东部退化草原、新疆北部退化草原按全年禁牧每666.67平方米（每亩）每年补助饲料粮5.5千克，季节性休牧按休牧3个月计算，每666.67平方米（每亩）每年补助饲料粮1.375千克。青藏高原东部江河源草原按全年禁牧每666.67平方米（每亩）每年补助饲料粮2.75千克，季节性休牧按休牧3个月计算，每666.67平方米（每亩）每年补助饲料粮0.6千克。饲料粮补助期限为5年。对京津风沙源治理工程禁牧舍饲项目饲料粮（指陈化粮）补助标准为：内蒙古北部干旱草原沙化治理区及浑善达克沙地治理区每666.67平方米（每亩）地每年补助饲料粮5.5千克。内蒙古农牧交错带治理区、河北省农牧交错区治理区及燕山丘陵山地水源保护区每666.67平方米（每亩）地每年补助饲料粮2.7千克。饲料粮补助期限也为5年。

2011年，为进一步完善退牧还草政策，巩固和扩大退牧还草成果，深入推进退牧还草工程，国家发展和改革委员会、农业部、财政部共同发布了《关于印发完善退牧还草政策的意见的通知》，该意见规定从2011年起，适当提高中央投资补助比例和标准。围栏建设中央投资补助比例由现行的 70% 提高到 80%，地方配套由 30% 调整为 20%，取消县及县以下资金配套。青藏高原地区围栏建设每亩中央投资补助由 17.5 元提高到 20 元，其他地区由 14 元提高到 16 元。补播草种费每亩中央投资补助由 10 元提高到 20 元。人工饲草地建设每亩中央投资补助 160 元，主要用于草种购置、草地整理、机械设备购置及贮草设施建设等。舍饲棚圈建设每户中央投资补助 3000 元，主要用于建筑材料购置等。对实行禁牧封育的草原，中央财政按照每亩每年补助 6 元的测算标准对牧民给予禁牧补助，5 年为一个补助周期；对禁牧区域以外实行休牧、轮牧的草原，中央财政对未超载的牧民，按照每亩每年 1.5 元的测算标准给予草畜平衡奖励。

（四）生态公益林建设中的补偿标准

为了保护森林生态系统，1998 年第一次修改的《森林法》确立了国家森林生态效益补偿金制度。2018 年修改的《中华人民共和国森林法实施条例》明确规定，防护林、特种用途林的经营者，有获得森林生态效益补偿的权利。

2016 年财政部、国家林业局联合出台了《林业改革发展资金管理办法》。该办法规定林业改革发展基金的支出方向为森林资源管护、森林资源培育、生态保护体系建设、国有林场改革、林业产业发展等支出。该办法明确规定了国有林场改革补助为一次性补助支出，中央财政按照每名职工（包括在职职工和离退休职工）2 万元、每亩林地 1.15 元的标准测算补助，各省可根据本地实际情况确定补助标准。对于其他补助，该办法没有规定明确数额标准。

2019 年修改的《森林法》再次明确：国家建立森林生态效益补偿制度，完善重点生态功能区转移支付政策，指导受益地区和森林生态保护地区人民政府通过协商等方式进行生态效益补偿。此次修改明确了地方人民政府的补偿义务，但未明确补偿标准。

参考文献

[1] 李理，梁红 . 环境监测 [M]. 武汉：武汉理工大学出版社，2018.

[2] 曲磊 . 环境监测 [M]. 北京：中央民族大学出版社，2018.

[3] 刘雪梅，罗晓 . 环境监测 [M]. 成都：电子科技大学出版社，2017.

[4] 陈丽湘，韩融，罗旭 . 环境监测 [M]. 北京：九州出版社，2016.

[5] 王海芳，柴艳芳，侯彬，等 . 环境监测 [M]. 北京：国防工业出版社，2014.

[6] 汪葵，吴奇 . 环境监测 [M]. 上海：华东理工大学出版社，2013.

[7] 李花粉，隋方功 . 环境监测 [M]. 北京：中国农业大学出版社，2011.

[8] 郭敏晓，张彩平 . 环境监测 [M]. 杭州：浙江大学出版社，2011.

[9] 刘德生 . 环境监测 [M]. 北京：化学工业出版社，2008.

[10] 金朝晖，李毓，朱殿兴，等 . 环境监测 [M]. 天津：天津大学出版社，2007.

[11] 聂文杰 . 环境监测实验教程 [M]. 徐州：中国矿业大学出版社，2020.

[12] 刘音 . 环境监测实验教程 [M]. 北京：煤炭工业出版社，2019.

[13] 王森，杨波 . 环境监测在线分析技术 [M]. 重庆：重庆大学出版社，2020.

[14] 黄功跃 . 环境监测与环境管理 [M]. 昆明：云南科技出版社，2017.

[15] 李丽娜 . 环境监测技术与实验 [M]. 北京：冶金工业出版社，2020.

[16] 聂菊芬，文命初，李建辉 . 水环境治理与生态保护 [M]. 长春：吉林人民出版社，2021.

[17] 邓志华 . 生态保护红线划定主要技术及应用案例 [M]. 北京：中国林业出版社，2018.

[18] 韩卫平 . 生态补偿立法研究 [M]. 北京：知识产权出版社，2020.

[19] 刘飞 . 生态补偿法律问题研究 [M]. 长春：吉林人民出版社，2019.

[20] 苗振华 . 论环境法中的保护优先原则 [D]. 哈尔滨：黑龙江大学，2017.

[21] 尚凡莹 . 论环境法中的环境优先 [D] 原则 . 北京：中国政法大学，2011.

[22] 黄雅惠 . 论环境保护优先原则 [D]. 北京：北京林业大学，2016.

[23] 李韩非 . 生态保护红线法律制度研究 [D]. 保定：河北大学，2021.

[24] 宋安琪 . 生态保护红线法律制度研究 [D]. 长春：吉林大学，2019.

[25] 杨慧姣 . 我国生态保护补偿法律制度研究 [D]. 昆明：云南大学，2017.

[26] 吴厚文 . 环境监测在生态保护中的作用及发展措施 [J]. 建筑工程技术与设计，2021（5）.

[27] 武红梅 . 环境监测在生态保护中的作用及发展措施 [J]. 商品与质量，2020（12）.

[28] 韩磊，范会 . 试论环境监测在生态保护中的作用及发展措施 [J]. 福建质量管理，2020，（11）.

[29] 杜小航，郭斌 . 环境监测在生态保护中的作用及发展 [J]. 河南科技，2020（11）.

[30] 李民峰，陈思羽 . 遥感技术的生态环境监测与保护分析 [J]. 化工设计通讯，2021（7）.

[31] 傅萍，王春英，周琴 . 环境监测在生态环境保护中的价值与实践路径 [J]. 区域治理，2022（12）.

[32] 肖辉 . 基于生态环境保护中环境监测管理的实践分析 [J]. 皮革制作与环保科技，2022（7）.

[33] 王月娇 . 浅谈我国生态环境保护中环境监测作用及措施 [J]. 文渊（小学版），2021（8）.

[34] 仇吉星 . 环境监测与环境监测技术的发展 [J]. 建材与装饰，2022（12）.

[35] 朱鼎锋，孙浩淼 . 环境监测仪器在环境监测方面的应用 [J]. 皮革制作与环保科技，2022（3）.

[36] 王晓东 . 环境监测中提高水污染环境监测质量的措施 [J]. 科海故事博览，2022（12）.

[37] 俞森皓 . 生态环境监测网络建设在环境监测中的应用 [J]. 区域治理，2022（24）.